“十四五”普通高等教育本科部委级规划教材

服装3D数字化技术与应用

FUZHUANG 3D SHUZIHUA JISHU YU YINGYONG

黄海峤　王英男◎著

中国纺织出版社有限公司

内 容 提 要

本书详细介绍了什么是服装3D数字化，以及在服装3D数字化业内领先的VStitcher 3D软件的使用方法和操作技巧，同时提供了丰富的3D服装款式制作案例，并对其制作过程进行了详细的解析，为读者熟练使用软件提供了全面的参考和指导。此外，本书还介绍了这款3D软件在服装企业3D数字化项目中的应用案例，为读者提供了服装3D数字化技术在服装行业中的实际应用经验和项目实施指导。

全书图文并茂，内容翔实丰富，图片精美，针对性强，具有较高的学习和研究价值。不仅适合高等院校服装专业师生学习与研究，对于从事3D服装制作、设计和开发的相关人员而言，本书也具有较高的参考价值。

图书在版编目（CIP）数据

服装3D数字化技术与应用 / 黄海峤，王英男著. --北京：中国纺织出版社有限公司，2024. 10

“十四五”普通高等教育本科部委级规划教材

ISBN 978-7-5229-1824-2

Ⅰ. ①服… Ⅱ. ①黄… ②王… Ⅲ. ①服装设计－高等学校－教材 Ⅳ. ①TS941.2

中国国家版本馆CIP数据核字（2024）第111986号

责任编辑：李春奕　　责任校对：高　涵　　责任印制：王艳丽

中国纺织出版社有限公司出版发行

地址：北京市朝阳区百子湾东里A407号楼　邮政编码：100124

销售电话：010—67004422　传真：010—87155801

http://www.c-textilep.com

中国纺织出版社天猫旗舰店

官方微博 http://weibo.com/2119887771

北京印匠彩色印刷有限公司印刷　各地新华书店经销

2024年10月第1版第1次印刷

开本：787×1092　1/16　印张：11.5

字数：116千字　定价：78.00元

序

PREFACE

我是在2011年认识黄海峤教授的，当时他正在做一个企业的服装3D数字化项目，而这个企业也正在与3D技术公司布络维科技（Browzwear）合作，构想一个线上到线下的世界，可以让客户通过3D数字化和产品客制化与商店互动。

黄海峤教授作为这个项目的主导者之一，直接使用了3D数字化而非2D草图的形式来设计和开发服装产品，而后迅速进展到3D合身性开发、内部产品的设计，甚至是与消费者互动方面。这段经历和合作不仅让黄海峤教授相信3D数字化是可以实现和可扩展的，还让他产生了将数字化转型带入中国服装行业的强烈愿望。

这本书是一本技术手册，其中概括了什么是3D数字化——一个可以快速取得高度精准和栩栩如生成果的技术，是彻底改变服装行业流程、产品开发和协作所必需的基本平台和引擎。“第一次就把事情做对”，这不仅仅是一个好的概念，同时还需要是现实可行的。高生产浪费、高库存以及上市需求时间紧迫等问题，导致时尚行业是目前世界上污染最严重的行业之一。我希望读者能够认识到，无论是消费者还是设计师抑或是生产者，都必须开始着手进行服装行业的变革，从而使这一行业能够实现企业社会责任（ESG）目标。

中国是世界上最大的服装和服装相关面辅料供应商基地之一。布络维科技作为推动能够准确预测布料表现的3D算法的先驱，已经与服装业内多家企业合作了20多年，设计、开发并实施端到端的解决方案，打造了一个可持续的、更具创意的和透明的服装行业。希望通过与黄海峤教授等中国服装行业从业人员的合作，使得布络维科技可以为实现国家可持续发展目标尽一份微薄之力。

希望本书能够让你了解到什么是服装3D数字化、为何要进行服装3D数字化，以及如何实施。希望在阅读这本书的过程中，能够发掘你的目标和职责。我们可以一起让世界变得更美好、更美丽！

林燕平（Sharon Lim）

布络维科技联合创始人兼董事

2024年5月

教学内容及课时安排

章（课时）	课程性质（课时）	节	课程内容
第一章 （2课时）	基础理论 （14课时）		• 服装3D数字化
		一	什么是服装3D数字化
		二	服装制作概述
		三	VStitcher 文件类型
第二章 （12课时）			• 功能模块介绍
		一	人台
		二	板型摆放与群集
		三	缝合
		四	试穿
		五	板型
		六	材质
		七	颜色
		八	渲染与导出
		九	3D注释与工艺包
第三章 （12课时）	实践练习 （20课时）		• 服装3D款式案例
		一	运动休闲装
		二	男装
		三	冬季服装
第四章 （8课时）			• 服装面料数字化
		一	面料扫描
		二	面料测试
		三	面料数字化应用
第五章 （4课时）	思考与实践 （4课时）		• 服装3D数字化思考与实践
		一	传统服装行业痛点分析
		二	服装企业3D数字化的优势与目标
		三	3D数字化总体技术架构
		四	服装企业传统工作流程与3D数字化工作流程的分析与讨论
		五	服装企业3D数字化项目实施方案
		六	服装企业3D数字化成果
		七	服装企业3D数字化实施的关键要素与风险

注　各院校可根据自身的教学特色和教学计划对课程时数进行调整。

目录 CONTENTS

第一章 服装3D数字化

CHAPTER 1

第一节 什么是服装3D数字化

服装3D数字化是指将服装的设计、制作、展示等过程数字化，并通过3D建模、虚拟现实技术等手段，将服装的设计、样板制作、展示等过程全部在计算机中完成。通过服装3D数字化的方式，可以更加高效、精确地完成服装的设计、制作和展示，同时降低成本、提高生产效率。

具体来说，服装3D数字化包括以下几个方面：

（1）数字化设计：通过3D设计软件等工具，将服装的平面设计图数字化，包括衣领、袖口、衣身等各个部位的数字化设计。

（2）数字化样板：将服装纸样通过3D扫描、软件处理等方式，制作出服装的数字化样板。

（3）虚拟试穿：利用虚拟现实技术，模拟不同人物在虚拟环境下的服装试穿效果，可以更加直观地展示服装的细节和穿着效果。

（4）数字化展示：通过3D设计软件等工具，将服装的设计、制作、展示等过程数字化，可以更加直观地体现服装的效果、设计理念以及动态服装效果的展示。

VStitcher和Lotta软件作为服装3D数字化业内领先的服装3D开发和设计软件，是由布络维科技研发的综合数字化工作流程解决方案的核心。通过使用服装3D软件，从设计服装的廓型开始，一直到尺码范围、图案、面料、辅料、配色、款式，再到逼真的3D渲染，实现快速制作3D模型以及服装的精准开发。本书将详细讲解VStitcher软件的使用操作。

在3D服装设计开发时，设计师和板师之间可以相互配合，协同完成逼真的运动合身性模拟、调整、板型修改、放码、渲染以及工艺包创建等环节。

VStitcher软件在3D服装制作领域中的优势主要体现在以下几个方面：第一，逼真的3D模型效果制作；第二，精美的面辅料效果呈现；第三，实时、真实的效果渲染；第四，精准的运动合身性调整；第五，与Adobe等设计软件无缝对接。

第二节 服装制作概述

在本节中我们总结了在VStitcher中创建3D服装的主要步骤，以及操作中会用到的相关词语（此步骤适用于绝大多数服装制作）。

基础3D服装制作的主要步骤为：导入数字板型文件→选择并编辑人台→整理、检查板型并根据需要编辑、添加板型→摆放板型→缝合板型→在人台上准备服装→服装试穿→添加并编辑面料、缝线、图稿、辅料→服装效果调整→最终效果呈现。

每个人都有适合自己的操作习惯。在VStitcher中，上述步骤的前后顺序没有硬性要求，可以根据自己的需要调整步骤的先后顺序。例如，在检查板型时，可能不需要添加板型。但如果确实需要创建额外的板型，则可以在VStitcher中去创建。同样，如果上面的工作流程中需要先缝合再摆放，可以调整操作流程的先后顺序。

此外，需要注意的是，3D服装制作是一个灵活、动态的过程。在实际操作中，可能需要返回并重复一个或多个步骤，才能获得服装制作的最终效果。

第三节 VStitcher文件类型

在使用VStitcher时需要了解的文件类型如下：

（1）BW格式：为Browzwear的服装文件。文件格式为“BW（*.bw）”，是单一文件，其中包含相关服装的所有信息，是为了取代旧版VSP格式和VSGX格式。BW文件中也会包含该款式的一个预览图像。

保存旧版文件（VSGX）时，将显示一个文件浏览器窗口，其中已选择BW作为默认文件类型。如果需要，可以另存为VSGX文件。

如果需要将文件共享，可以通过电子邮件、发送文件链接或剪切、复制、粘贴的方式进行共享。

（2）BWDB格式：为Browzwear DB Admin 数据库文件。此文件包含该服装款式的所有材料数据文件。

（3）VSP格式：为VStitcher的打包文件。这是一种旧版的打包文件格式，从2019年8月版开始，就由BW格式取代。但是新版本中仍然可以导入并打开VSP文件。

VSP是一个压缩文件，包含服装文件及与其相关的文件夹和文件。VSP文件可以在VStitcher中解压，并可以在所有布络维科技应用程序之间使用，其特点包含以下几点：

① 打包文件（与压缩文件类似）。

② 可自动解压成VSGX文件夹。

③ 包含人台、服装、快照及面辅料数据。

④ 可传输和共享。

（4）VSGX格式：为VStitcher的服装文件。这是一种旧版文件格式，从2019年8月版开始，就由BW格式取代。可以打开VSGX文件将服装保存为新的VSP、VSGX、BW文件格式。

VSGX文件将在一个主文件夹内与相关联的文件和文件夹一起创建，其特点包含以下几点：

① 包含VSGX文件的文件夹。

② 新建和修改时使用的文件。

③ 包含文件相关资料信息。

④ 复制、移动时需要挪动整个文件夹。

虽然可以共享VSGX文件及其文件夹，但如果使用VStitcher 2019年4月版或更低版本，建议以共享VSP文件格式代替。如果使用VStitcher 2019年8月版或更高版本，需更改为共享BW格式文件。

（5）VSA格式：为VStitcher的人台文件。用于保存和共享数字化人台和"AlvaForms"的文件格式，其中包括人台的相关设置，如定位点、尺寸、材质等相关信息。

（6）VCAMPS格式：为VStitcher的摄像机位置文件。用于保存和共享3D窗口摄像机视图的文件格式。

（7）DXF格式：为VStitcher的板型文件。是AutoCAD文件格式，包括所有的2D板型数据。可以在VStitcher软件中导入和导出DXF文件，其特点包含以下几点：

① 板型文件应在不含止口（缝边）的情况下从第三方软件导出。

② 板型文件可以导出为"DXF ASTM"或"DXF AAMA"格式。

③ 板型文件在导入之前应转换为"DXF ASTM"或"DXF AAMA"格式。而标准DXF文件中包含的信息较少，可能无法正确导入VStitcher软件。

④ 可以在VStitcher中导入DXF板型进行虚拟缝合。

第二章 功能模块介绍

CHAPTER 2

第一节 人台

一、数字化人台

（一）数字化人台介绍（表2-1-1）

表2-1-1 数字化人台介绍

性别	人台名称	人台描述	缩略图
女性	Sofia	年轻女性 Browzwear's Cloud Library 新人台 必须具备 2021.1 更高版本	
	Lily	年轻女性 Browzwear's Cloud Library 新人台 必须具备 2021.1 及更高版本	
	Gabrielle	年轻女性 Browzwear's Cloud Library 新人台 必须具备 2021.1 及更高版本	
	Olivia	年轻女性 于 2021.1 版本更新	

续表

性别	人台名称	人台描述	缩略图
女性	Deborah	年轻女性，最常用的女性人台 任何版本均可使用	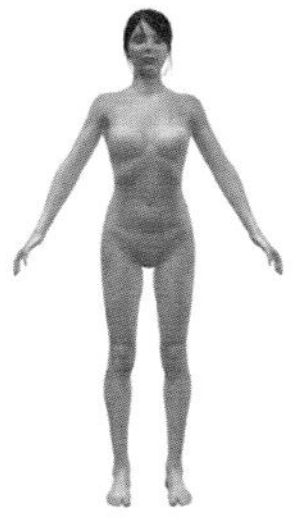
	Tina/Kim	年轻的非洲女性 / 年轻的亚洲女性 任何版本均可使用	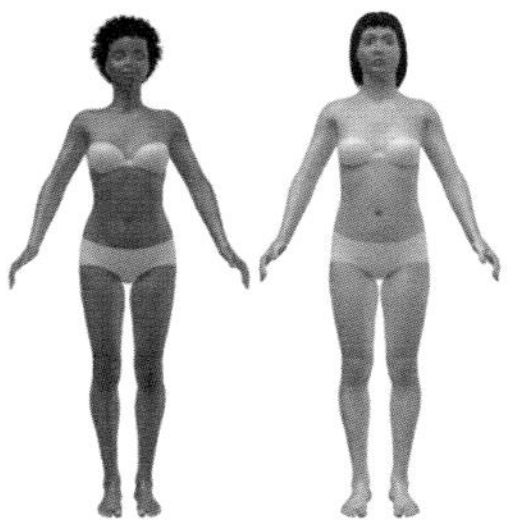
	Sara	女性 任何版本均可使用	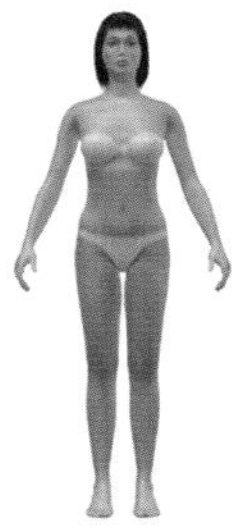
	Rachel	加大码女性 任何版本均可使用	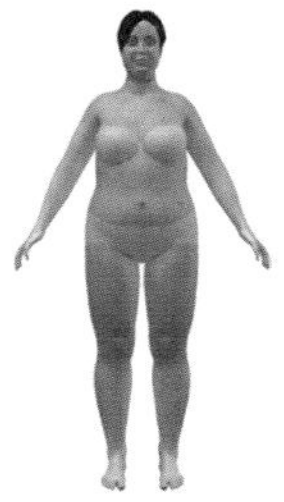
	Maya	6 ~ 14 岁的女孩 任何版本均可使用	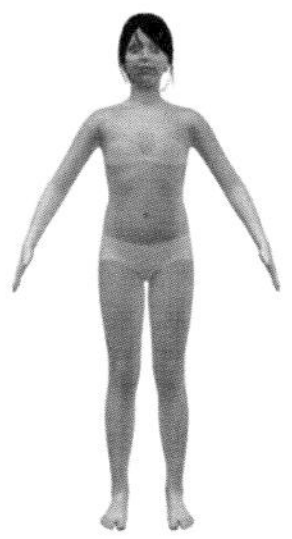

续表

性别	人台名称	人台描述	缩略图
女性	Model-Female	女性服装模特 任何版本均可使用	
男性	Adam	男性，最常用的男性人台 任何版本均可使用	
	David	青少年 / 年轻男性 任何版本均可使用	
	Alex	6 ~ 14 岁的男孩 任何版本均可使用	
	Model-Male	男性服装模特 任何版本均可使用	
男 / 女性	Baby2	0 ~ 4 岁的婴幼儿 任何版本均可使用	

（二）编辑数字化人台

在3D窗口中，右键点击人台，将显示菜单。点击“编辑人台”，关联选项中将显示人台相关信息，如图2-1-1所示。

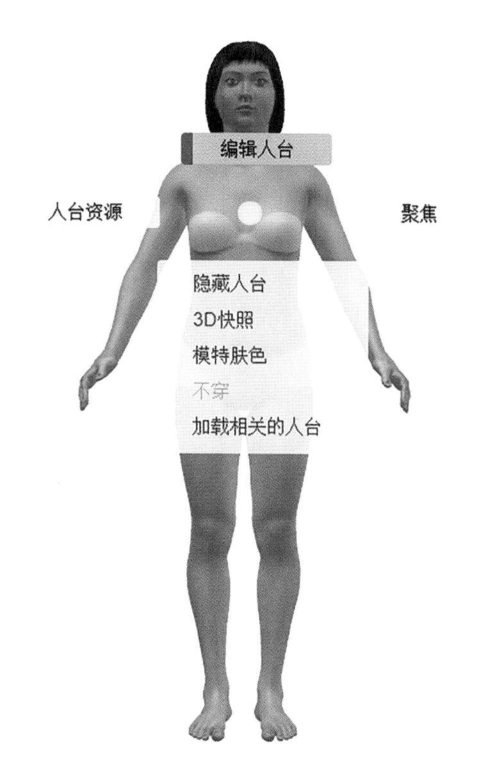

图2-1-1

如需要修改人台信息，则启用“保存”，修改完成后点击“保存”，保留更改信息。

如果需要对人台进行大量更改，建议使用新的人台并对其重新命名，再行更改人台数据会更加方便，同时会保留原始人台名称及数据以便后续参考使用。

在“编辑人台”窗口可进行的设置详见表2-1-2所示。

表2-1-2 编辑人台设置

设置内容	设置内容具体描述
名称	显示当前人台的名称 可在当前人台的基础上添加新人台：① 输入新名称；② 点击“另存为”
身体解析度	人台 3D 几何体的细节程度，细节程度越高，人台就越平滑，相对文件也就越大

续表

设置内容	设置内容具体描述
人台摩擦力	人台施加在服装上的摩擦力：① 塑料：最小摩擦力；② 肤质：标准摩擦力；③ 布料：最大摩擦力
外观	可选择外观或测量，默认选中外观 选择外观时，将可以修改以下内容：① 模特外观；② 肤色；③ 发型；④ 搜索；⑤ 表情
测量	可选择造型或测量，默认选中造型 选择测量时，将可以修改以下内容：① 锁定；② 重置；③ 搜索；④ 测量部分
模特外观	数字化人台可以具有法线外观或模特外观。法线外观具有逼真的皮肤材质 图展开后显示人台 Kim 的法线外观（左）和模特外观（右），默认情况下，人台使用法线外观
肤色	点击“ ”，可在下拉列表中选择人台可用肤色
发型	点击“Asian fusion”，可在下拉列表中选择人台可用发型 注意：如果选择模特外观，发型将不可用
搜索	VStitcher 2019 年 8 月版本及更高版本可用 可在当前选项卡中输入搜索特性。例如，在外观选项卡中搜索 Mouth 将显示张嘴特性；在测量选项卡中搜索 Mouth 将显示嘴宽特性
表情	展开后可查看表情可设置部分，根据需要编辑表情 在 VStitcher 2019 年 8 月版本及更高版本中可用 特性的滑块手柄颜色有不同的含义：蓝色为默认值，橙色为编辑后的值 编辑完测量值后，将显示一个重置图标。要重置该值，可以点击“ ” 表情适用于以下人台：Deborah、Tina、Kim、Rachel、Maya、David
锁定	可以锁定对人台的测量更改：① 点击锁定，系统会提示输入密码；② 输入密码，然后点击确定；③ 锁定后，将无法更改人台的测量值；④ 解锁请点击解锁并输入密码，然后点击确定
重置	点击可以将人台恢复为原始设置

续表

设置内容	设置内容具体描述
测量部分	可以设置人台不同部位的尺寸，展开每个部位可以查看详细的测量值  ▼ 身体轮廓 身体大小 -1 1.5 0 怀孕 0 9 0 ▼ 躯干 颈 26 50 34.5 cm 肩 24 63 36.5 cm 上半身长 -0.5 0.5 0 肩斜 -0.5 0.5 0 ▼ 腿 外缝长度 90 133 105.7 cm 内缝长度 64 100 78.5 cm 腿围 33 86 50.4 cm 膝围 22 67 31.3 cm X/O型腿 -0.5 0.5 0 小腿肚围 22 58 33.5 cm 脚踝 13 30 18.4 cm 注意： ① 通常在更改测量值时，建议由上至下对人台进行操作 ② 要查看显示测量结果的身体部位，请在显示测量编号的框内点击。3D 窗口中将显示一条绿线，表示所测量的部分 ③ 一些测量值是相互关联的。当点击一个互相关联的测量值下拉列表时，它会显示带橙色实线的边框，而其他互相关联的测量值则会以橙色的虚线边框显示 ④ 对身体主要部位的任何更改都可能会自动更改互相关联的部位。这是为了使身体各个部位的尺寸成比例 例如：对人台腋下进行更改时，上臂围、下臂围和手腕的测量值可能会自动更改。但依然可以对每个测量值进行独立的编辑

二、创建自定义人台

（1）在左侧窗口中点击“3D”→“人台”，列表中将显示目前可用的人台。

（2）在显示人台的上方，点击“+”，会弹出菜单。

（3）点击“从模板”，将显示人台模板列表，如图2-1-2所示。

图2-1-2

（4）点击需要的人台名称，在弹出的对话框中输入新人台的名称后，点击“完成”，如图2-1-3所示。

（5）在“编辑人台”窗口，根据需要编辑人台相关尺寸，点击“保存”，保存创建的人台。

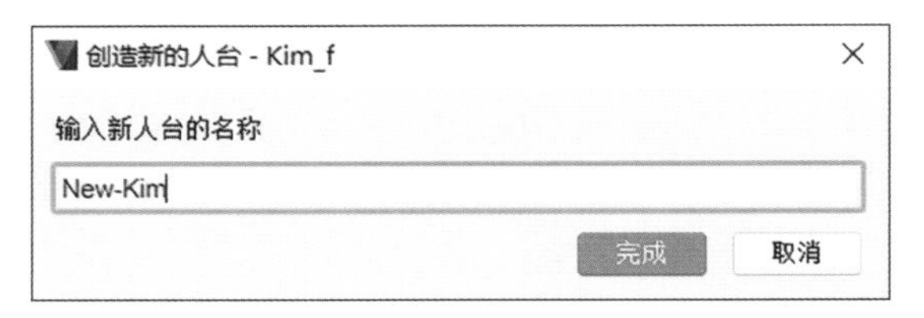

图2-1-3

三、更改人台准备姿势角度

准备姿势角度是人台处于准备模式时手臂的角度。默认角度为60°。更改准备姿势角度操作如下：

（1）确保服装已摆放在人台上。

（2）在主菜单上点击“3D环境”→“人台”，点击“准备姿势角度”，将显示可用的角度，如图2-1-4所示，然后点击所需的角度。

（3）点击“试穿”后，人台将从准备姿势角度开始试穿，并在达到最终姿势时完成，图2-1-5所示为不同的准备姿势角度。

图2-1-4

四、编辑人台姿势

可以更改软件系统中人台的姿势或根据服装需要编辑新姿势。

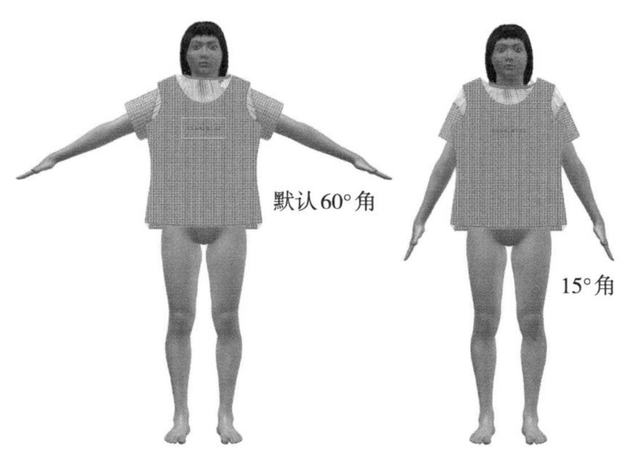

图2-1-5

（一）更改人台姿势

（1）在3D窗口工具栏中，点击当前姿势“ Balanced2 ⌃⌄ ”。

（2）在弹出的窗口中，可以查看并选择当前人台所有姿势，如图2–1–6所示。

（3）双击所选姿势，人台即可出现在3D窗口中，如图2–1–7所示。

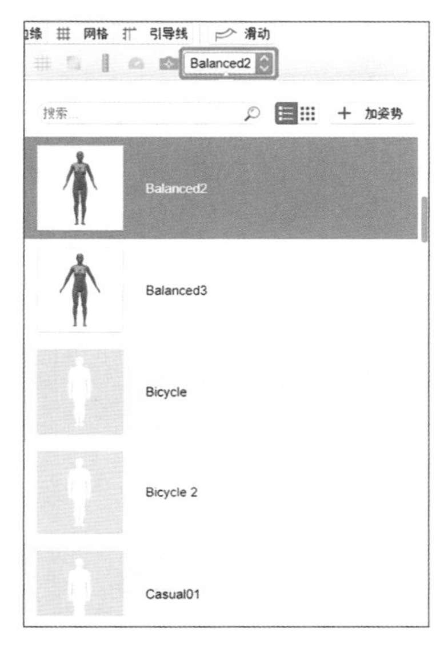

图2–1–6

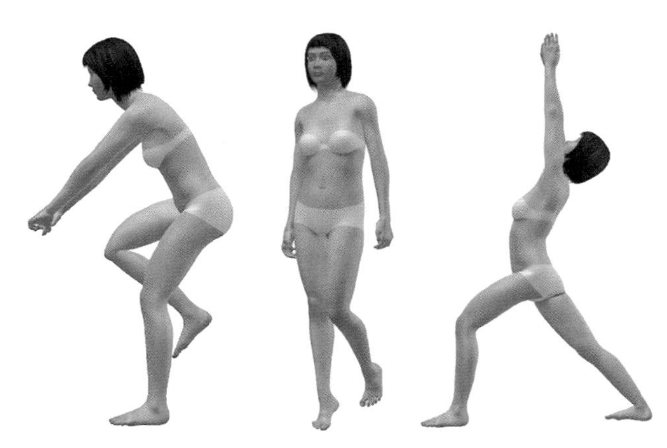

图2–1–7

（二）添加编辑新姿势

（1）在姿势窗口中，点击“加姿势”，人台将以骨架形式显示，如图2–1–8和图2–1–9所示。

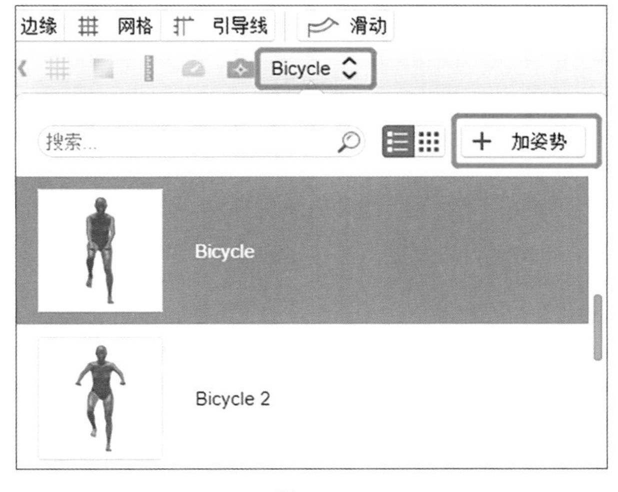

图2–1–8

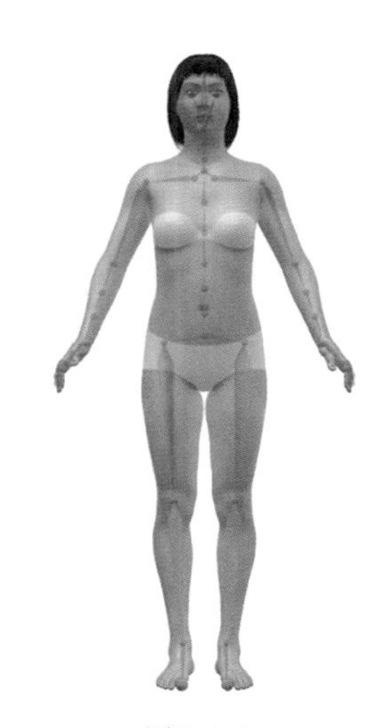

图2–1–9

（2）点击选中一个关节，关节点将显示为绿色，并显示控件。按住控件并拖动，或在编辑姿势窗口中输入相应的X、Y和Z值，可对关节点进行修改，如图2-1-10所示。

（3）完成对姿势的编辑后，在编辑姿势窗口中输入姿势的名称，点击“保存”即可，如图2-1-11所示。

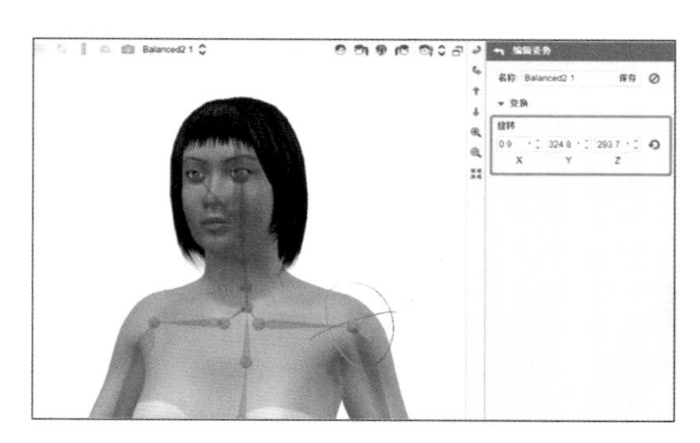

图2-1-10

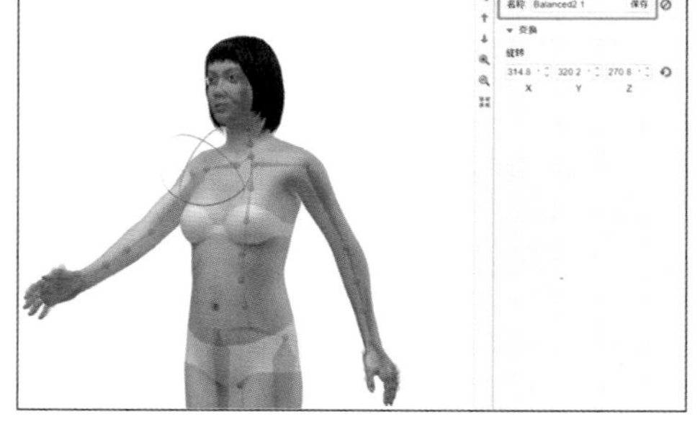

图2-1-11

五、导入和导出人台

VStitcher软件可以导入和导出人台。无论是扫描的人台还是在第三方软件中创建的人台，都可以导入软件进行服装试穿的操作。

（一）导入人台

导入外部人台需要符合以下三点格式要求：

（1）文件格式：人台文件必须为OBJ或FBX格式。

（2）网格类型：人台网格须为多边形、四边形或三角形。

（3）多边形数量：人台多边形数量没有限制。不过较高的多边形数量可能会影响软件运行性能。

如果是使用外部人台，为了使软件能够正确识别人台的每个部位，在导入时必须对人台进行方向及描点的设置。

1. 人台方向设置

（1）在左侧窗口中点击“3D”→“人台”，在显示人台的上方，点击“+”，点击“导入”，选择需要导入的人台，导入后将显示如图2-1-12所示窗口。

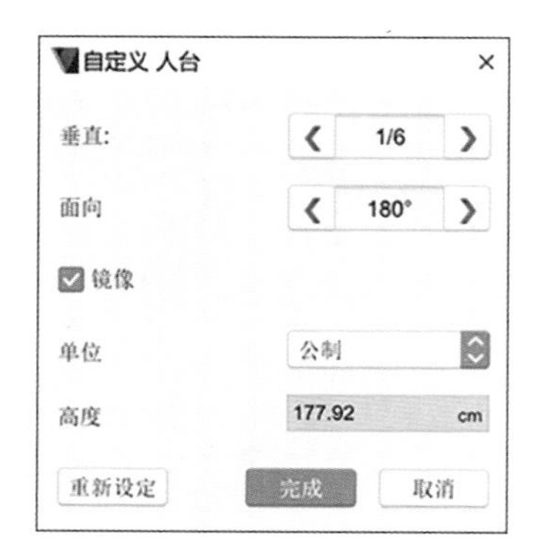

图2-1-12

（2）根据人台显示角度，调整“垂直”和“面向”；软件默认会选中“镜像”（建议不要清除此选择，此选项可以在3D窗口查看效果），然后点击“完成”。

2. 人台锚点设置

人台显示的3D定位点为红色圆圈。必须使用编辑人台，并在人台上放置这些定位点，以便软件能够正确识别人台的每个部位，如图2-1-13所示。

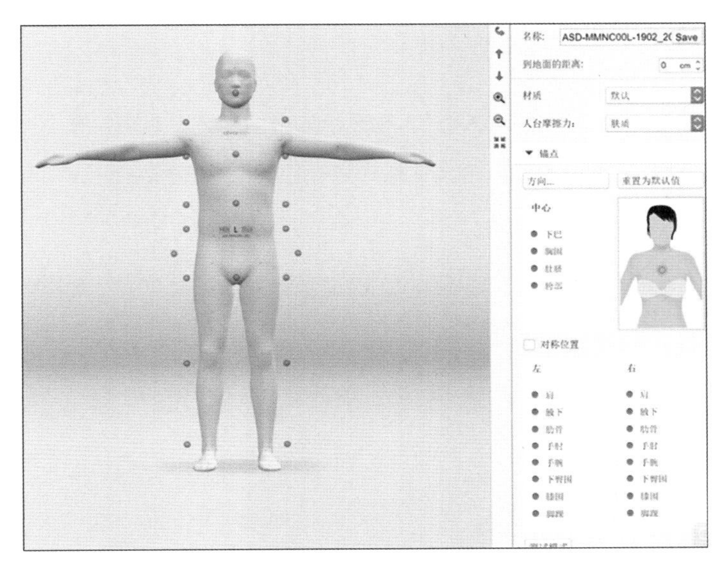

图2-1-13

（1）在编辑人台界面，点击指定的定位点名称。例如，点击胸围，将显示带有绿色标记的人体图像，该绿色标记表示人台上指定所选定位点的位置，如图2-1-14所示。

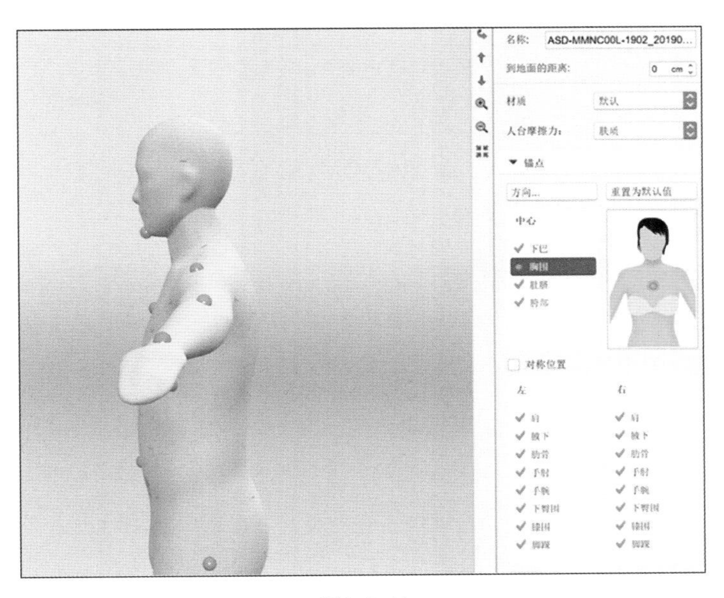

图2-1-14

（2）在3D窗口中按住键盘“Ctrl”键（在Mac上按“Command”键），然后点击在指定定位点的人台位置上。

（3）在编辑人台窗口中，点击指定的下一定位点名称，按照图示依次指定在3D人台上。

（4）直到所有定位点都指定完成并输入人台名称后，即可点击“保存”。

（二）导出人台

在左侧窗口中点击“3D”→“人台”，在显示人台的上方，点击“ ”导出人台，选择路径后点击“保存”，软件导出的人台文件格式为“*.vsa”，如图2-1-15所示。

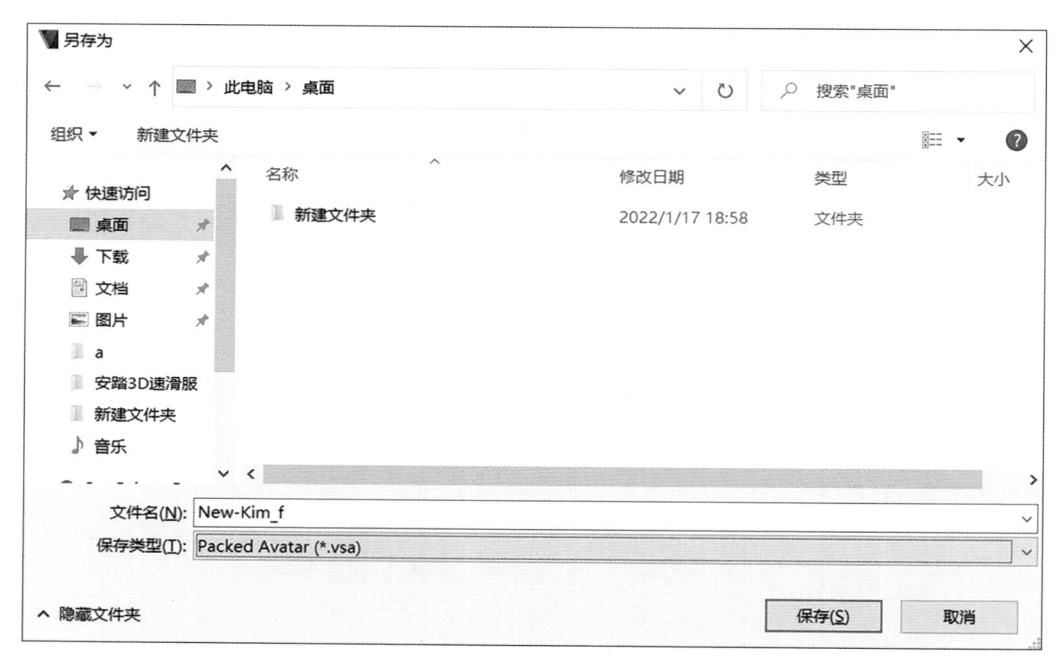

图2-1-15

六、隐藏、显示及删除人台

（一）隐藏、显示人台

（1）隐藏人台：在3D窗口中，右键点击需要隐藏的人台，在出现的菜单中点击“隐藏人台”，如图2-1-16所示。

（2）显示人台：在3D窗口中，右键点击空白处，在出现的菜单中点击“显示人台”，如图2-1-17所示。

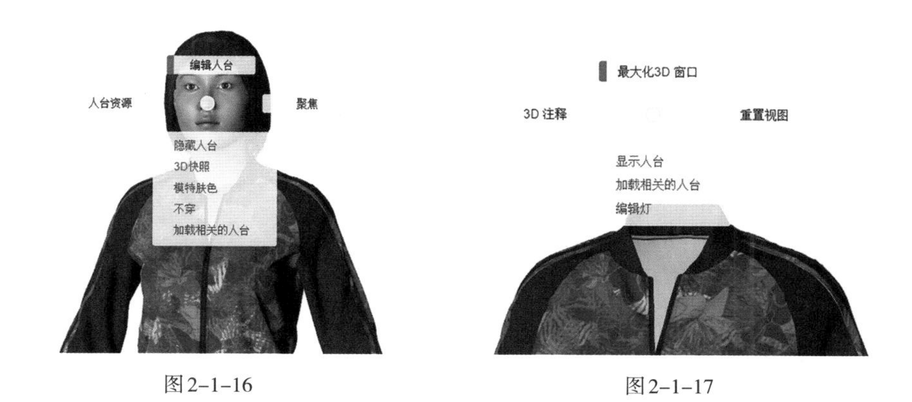

图2-1-16　　图2-1-17

（二）删除人台

在左侧“3D”→“人台”窗口下，点击需要删除的人台，在人台顶部点击“−”，在弹出的菜单中点击“是”即可删除。

七、人台组合

人台组合包含了一系列的大码、中码、小码的板型以及与之相匹配的人台。

（一）创建人台组合

（1）在主菜单上点击“工具”→“人台组合设置管理器”，弹出人台组合设置管理器窗口，如图2-1-18所示。

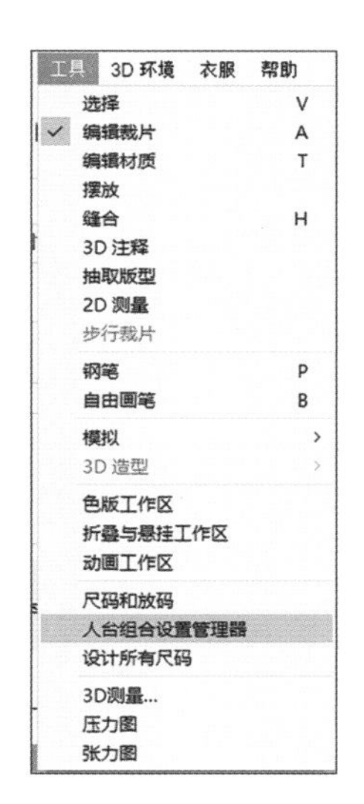

图2-1-18

（2）在人台组合窗口中，点击“+”，将会显示文本框，用于添加人台组合的名称。输入名称后，在文本框外点击鼠标即可，如图2-1-19所示。

（3）将鼠标放在“性别”及“尺码格式”上，点击出现的“✎”，分别输入性别及尺码，然后在文本框外部点击即可，如图2-1-20所示。

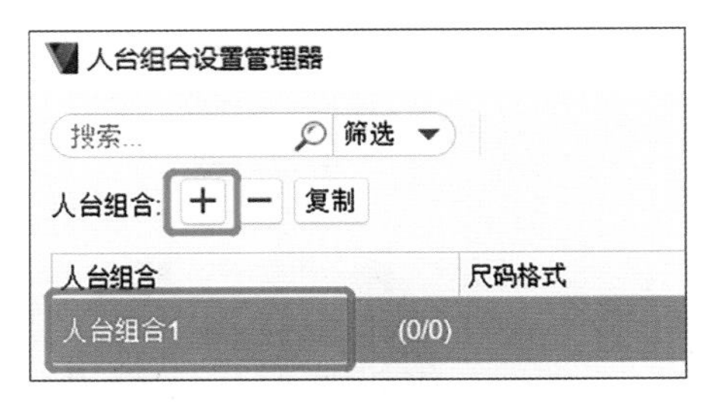

图2-1-19

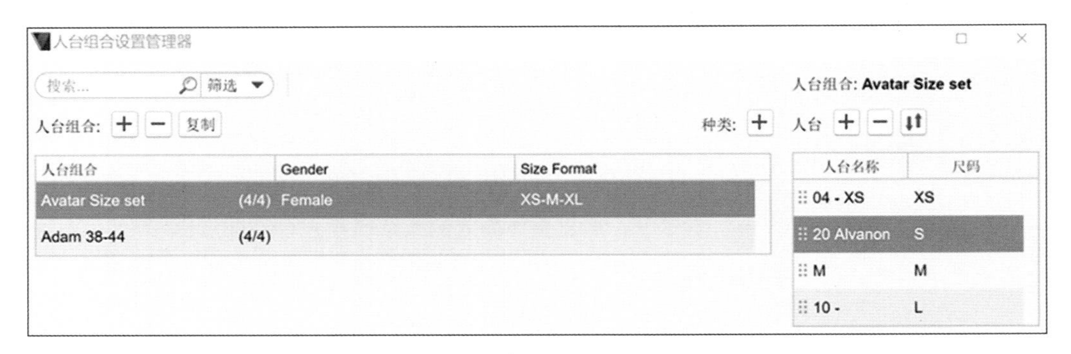

图2-1-20

（4）点击右侧人台旁边的“+”，将显示可用的人台，点击需要的人台，将人台添加到“人台名称”列，在人台所在行中，双击并输入对应的尺码，其他尺码操作同理，如图2-1-21所示。

（5）尺码大小可按照从小到大，或反向顺序排列；按住并拖动人台可调整顺序，然后点击“完成”。

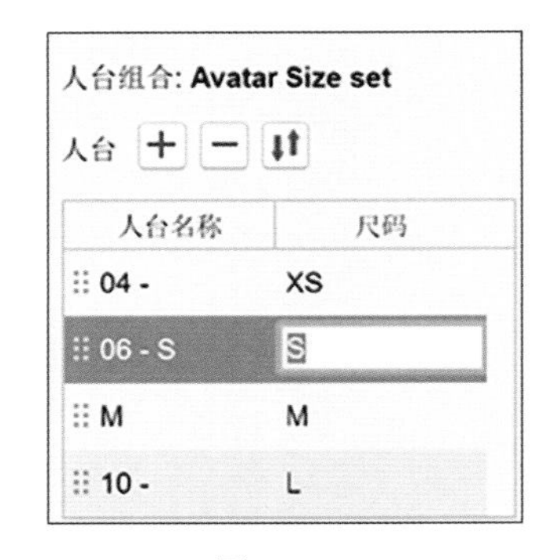

图2-1-21

（二）使用人台组合

（1）在主工具中点击“尺码”，将弹出窗口，如图2-1-22所示。

（2）点击“搜索”，将弹出一个搜索窗口，如图2-1-23所示。

（3）在搜索列表中点击，将显示可用的人台组合列表，点击需要的人台组合或直接输入人台名称搜索，然后点击“应用”即可，如图2-1-24所示。

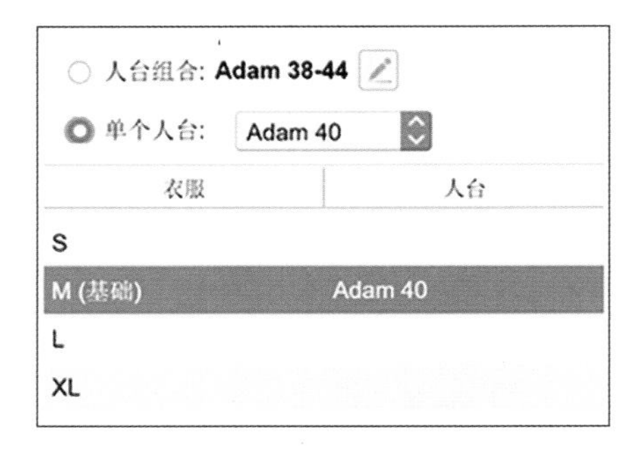

图2-1-22

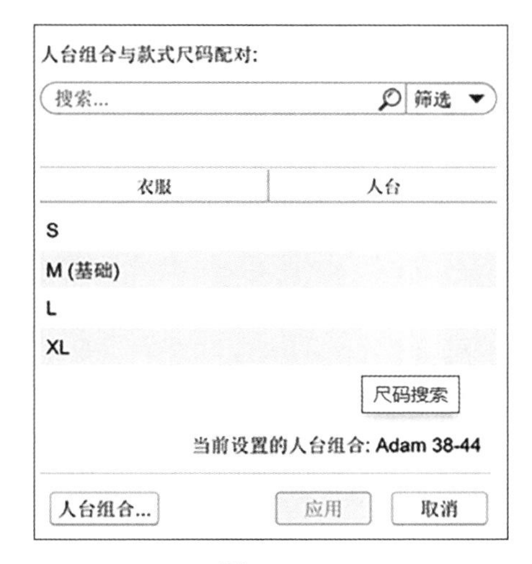

图2-1-23

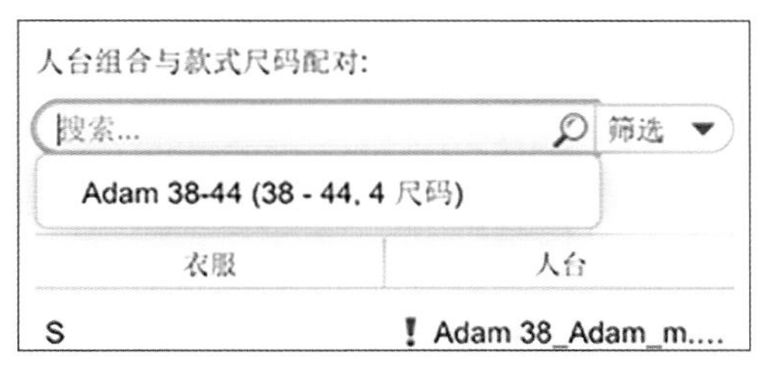

图2-1-24

（三）更改人台组合

（1）在主工具栏上点击“”，在弹出的对话框中会显示当前的人台组合。

（2）点击“”，在显示的搜索框中，选择需要更改的人台组合名称，点击“应用”即可更改，如图2-1-25所示。

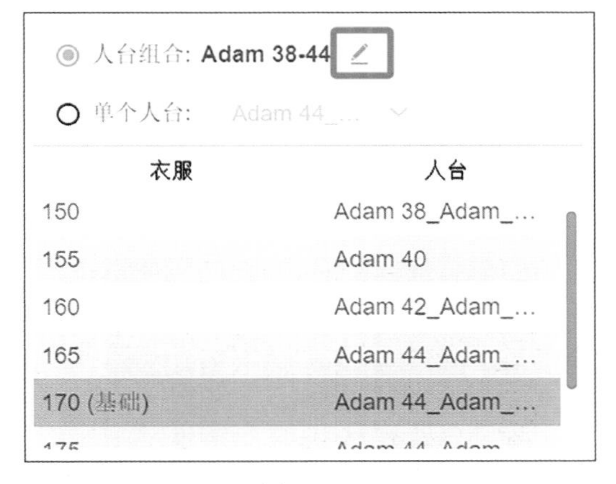

图2-1-25

（四）删除人台组合

在人台组合对话框中，点击需要删除的人台组合所在的行，然后点击“”即可，如图2-1-26所示。

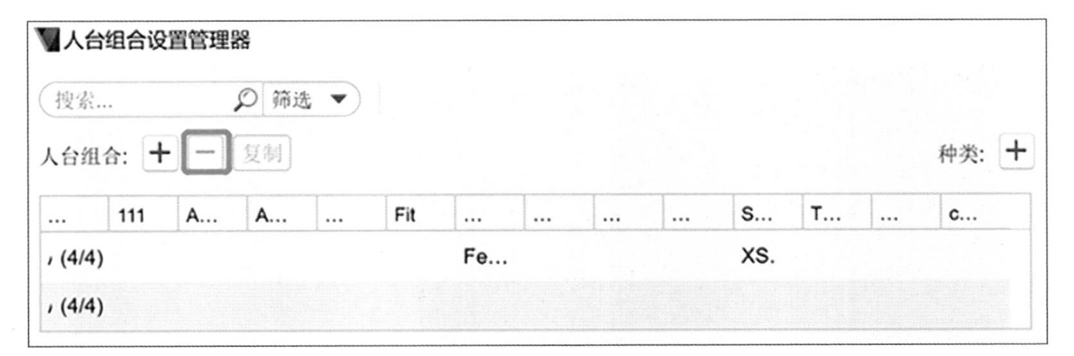

图2-1-26

第二节 板型摆放与群集

一、板型摆放

板型摆放是为了在缝合时将板型与人台各个部位进行匹配，从而准确完成后续的服装试穿。摆放板型前，可将2D窗口与3D窗口进行同步，以便快速看到板型在3D人台上的摆放效果。

（1）在主菜单上点击“检视”→“同步布局”→“2D窗口”，如图2-2-1所示。

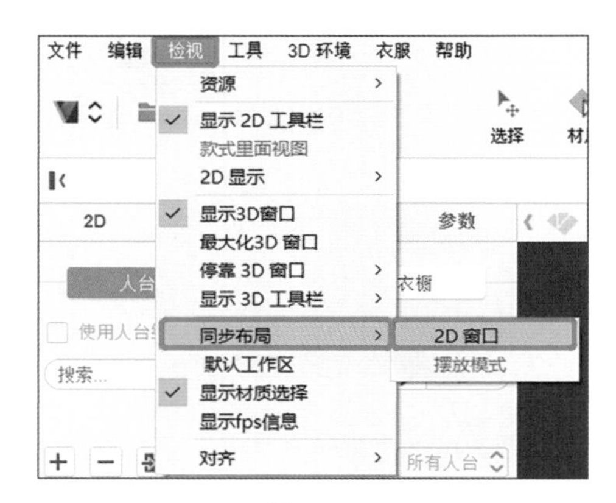

图2-2-1

点击主工具栏中“摆放”，转到摆放界面，点击并拖动板型，板型在视图上拖动时，视图会显示相对应的区域位置名称，如图2-2-2所示，白色方框为身体的躯干区域。

人体上的字母分别代表了不同的人体面向：右侧为R，前面为F，左侧为L，背面为B。

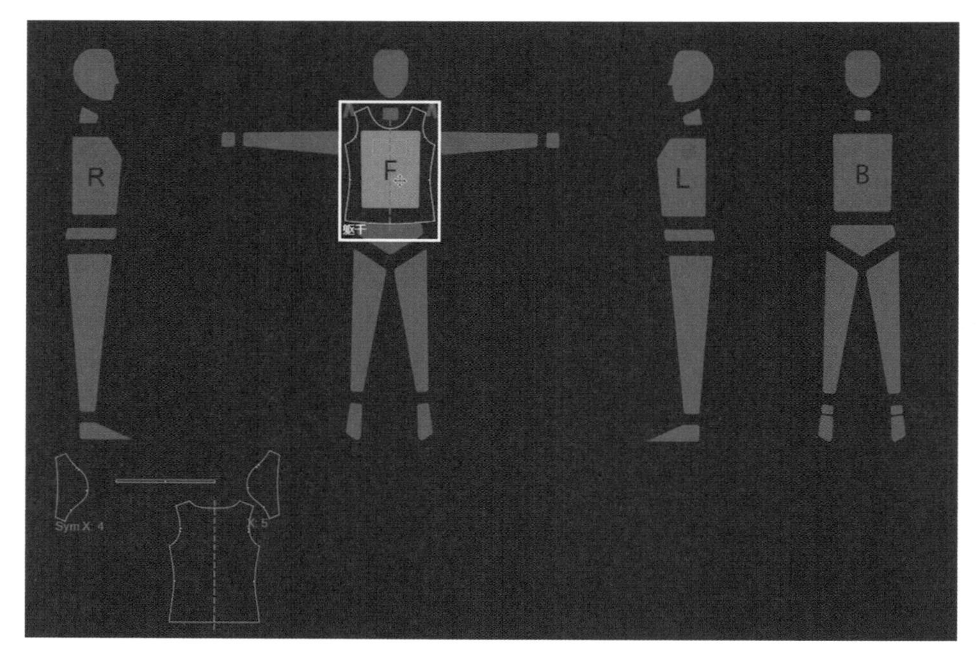

图2-2-2

（2）不同的板型需要摆放到对应的人体部位。例如，前片、袖片、袖口等需要分别放置在F的躯干、手臂及袖口位置，如图2-2-3所示。摆放时也可随时对板型的角度、方向进行调整。

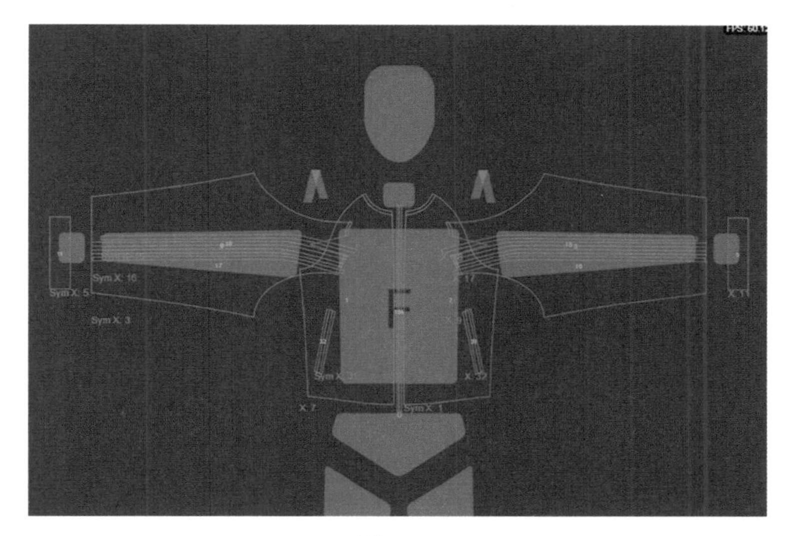

图2-2-3

（3）所有板型在3D窗口及摆放窗口同步效果如图2-2-4所示。

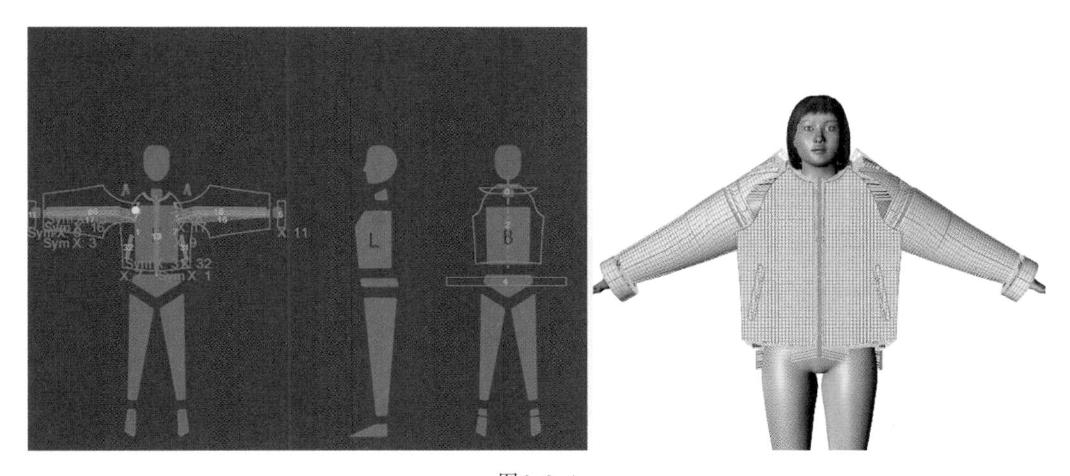

图2-2-4

二、群集

群集是一片或多片板型的组合。群集可以定义2D板型在3D人台上的位置，以及试穿时所显示的形状效果。

所有服装板型在摆放后，都会自动生成一个群集。例如，点击摆放后的前片，右侧会出现对应群集窗口，如图2-2-5所示。

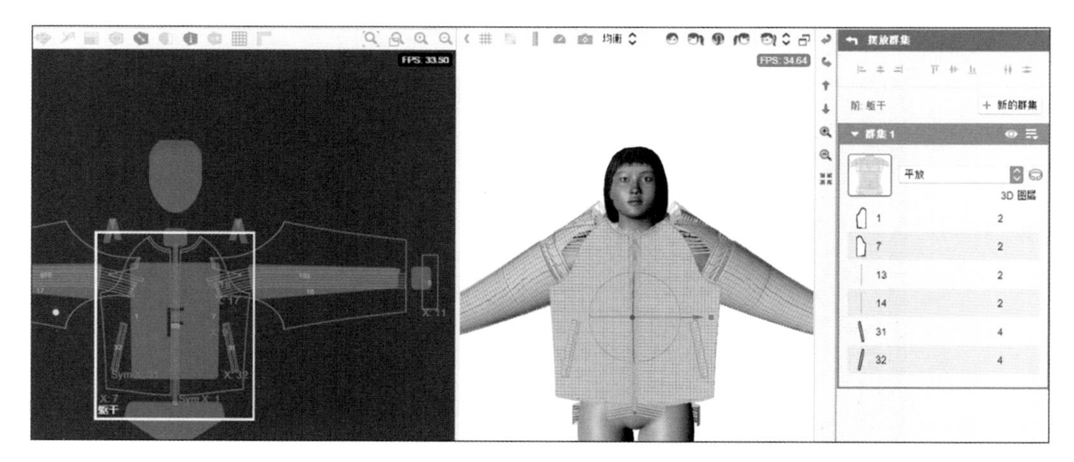

图2-2-5

摆放窗口具体功能介绍如图2-2-6所示。

（1）为对齐快捷键，顺序从左到右分别是：左对齐、水平居中对齐、右对齐、上对齐、垂直居中对齐、下对齐、水平平均分布、垂直平均分布。

（2）前: 躯干 为当前位置名称。

（3）群集 1 为当前群集名称。

（4）为当前板型位置缩略图。

（5）为当前板型缩略图。

（6）+ 新的群集 为创新建群集。点击后在下方出现新群集，如果当前群集中有多片板型，可在点击板型后，直接将板型拖动到新群集中。

（7）为显示、隐藏2D界面中当前群集的板型。

（8）为群集设置，如图2-2-7所示。

群集对称：如果两个板型是对称片，移动一个板型的群集，另一个对称片的群集也会跟着移动。例如，服装的左右对称袖片。

群集内部对称：当一个群集中有多个板型，移动其中一个板型，其对称板型也会跟着对称移动。例如，夹克对称的两个兜盖片。

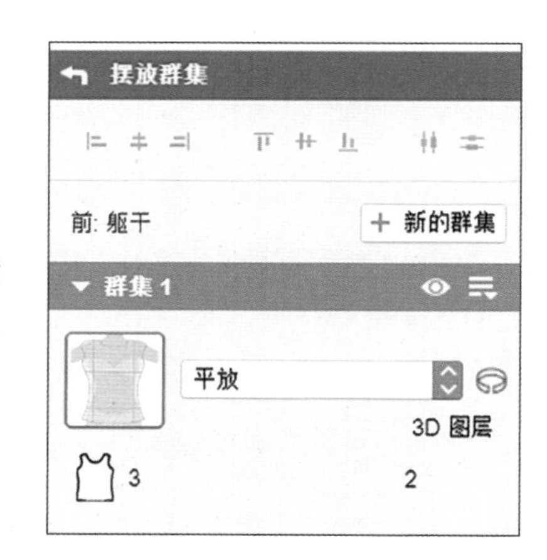

图2-2-6

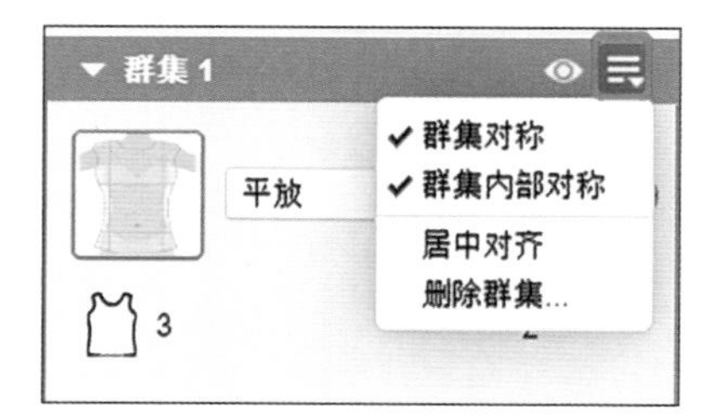

图2-2-7

居中对齐：选中后，群集摆放将与人台居中对齐。

删除群集：点击后可删除当前群集。

（9）平放 可以设置板型围绕身体的方式（每个位置的群集选择的围绕方式可能不同），如图2-2-8和图2-2-9所示，分别为选择“平放”和“围绕身体”的摆放方式。

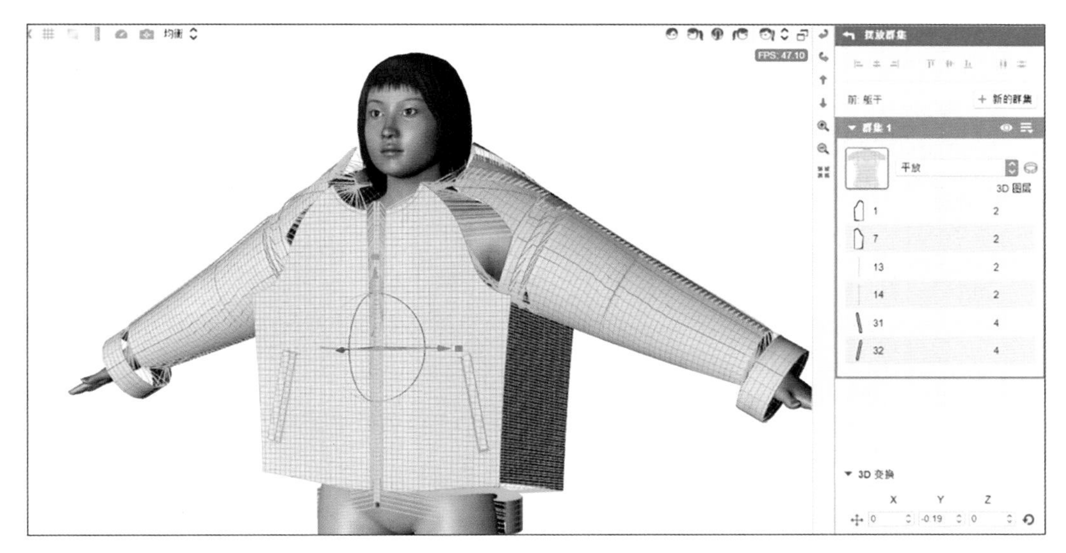

图2-2-8

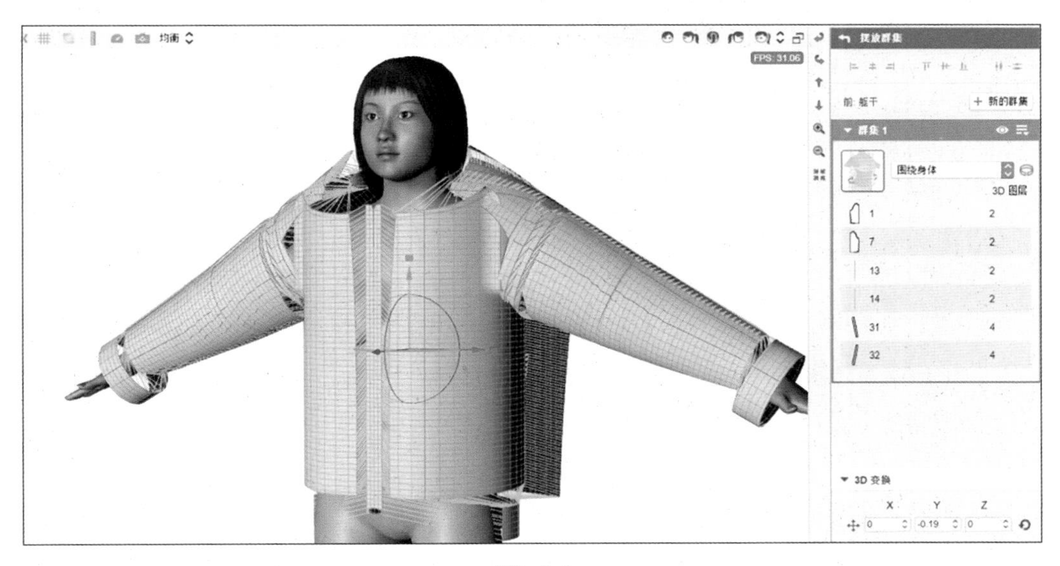

图2-2-9

（10）为3D图层，当群集内含有多个板型叠加或不同群集产生叠加效果时，可通过设置3D图层来区分前后顺序，数字越小板型越靠近身体。

第三节 缝合

调整好板型群集位置后就可以进行虚拟缝合了。可以选择在2D板型上进行缝合或直接在3D上进行缝合。缝合类型分为单边缝合与多边缝合。

一、单边缝合

（1）单边对单边（或板型内部线）：依次点击要缝合的两条边缘（或内部线）即可。

（2）单边对两点：依次点击边缘（或内部线）以及需要缝合的两个点。两个点有可能是板型边缘上的两个角点，也可能是板型内部点。

（3）点对点：依次点击要缝合的两点即可。两个点有可能是板型边缘上的角点，也可能是板型内部点。例如缝合门襟、袖口的扣子等。

如图2-3-1所示，其中大身侧缝、袖侧缝、袖窿、袖口处均为单边缝合。

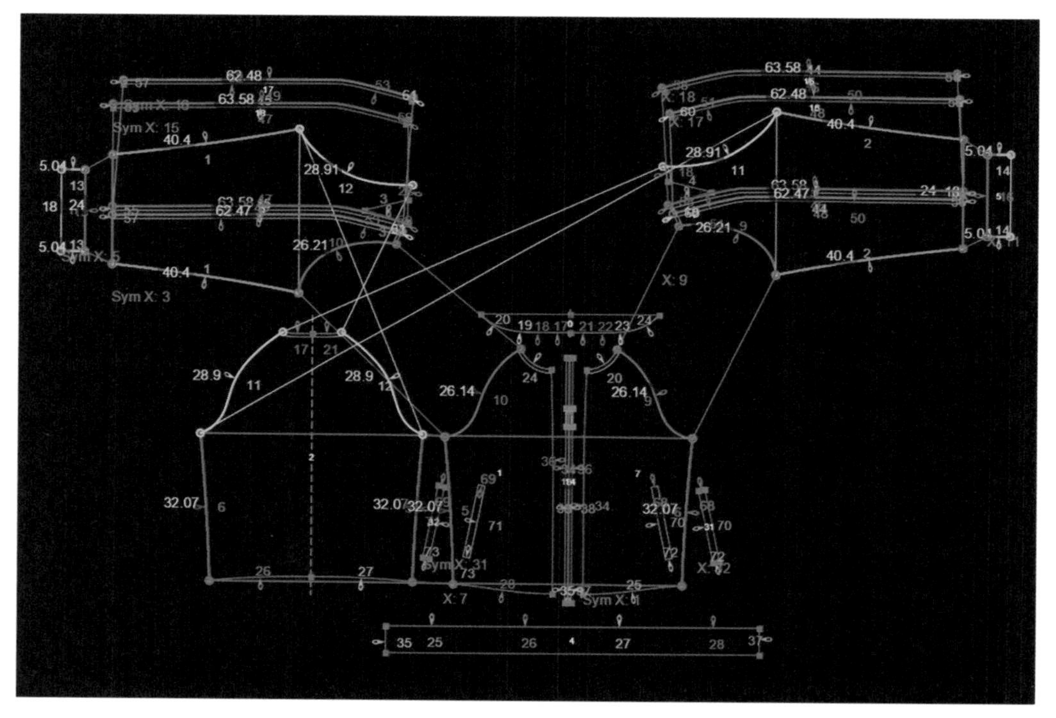

图2-3-1

二、多边缝合

（1）单边对多边：点击缝合后，先选择“从”的一条边缘，然后选择缝合“到”的多条边缘。

（2）多边对多边：点击缝合后，先选择“从”的多条边缘，然后选择缝合“到”的多条边缘。

在缝制服装时，经常会用到多边缝合。如领口、袖窿、下摆等边缘的缝合。而在进行多边缝合时，会有缝合方向箭头作为方向导向，操作时要保证“从”和“到”的方向箭头是一致的。

如图2-3-2所示，将领口的一条边缘缝合到前片、后片以及袖片的多条边缘。缝合时其缝合方向需要与服装真实缝合顺序一致。

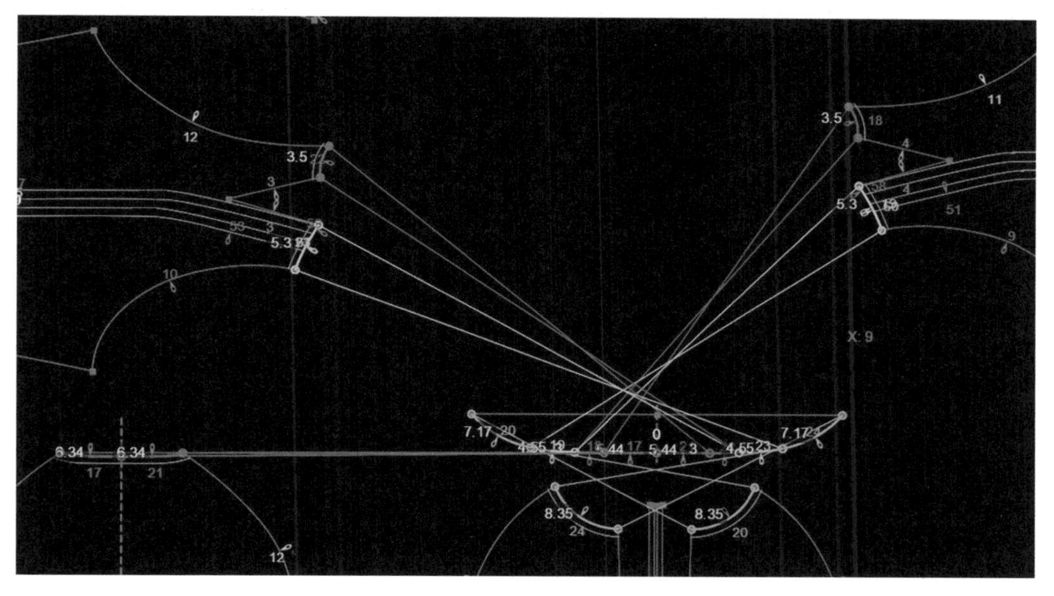

图2-3-2

三、使匹配

“使匹配”是指需要缝合长、短边时，可以自动在长尺寸边缘上匹配出短尺寸的边缘长度，使两边缝合边缘长度保持一致。如图2-3-3所示，先用单边缝合侧缝后，点击“使匹配”，使两边长短自动匹配，然后可拖动缝合线沿着板型边缘移动。

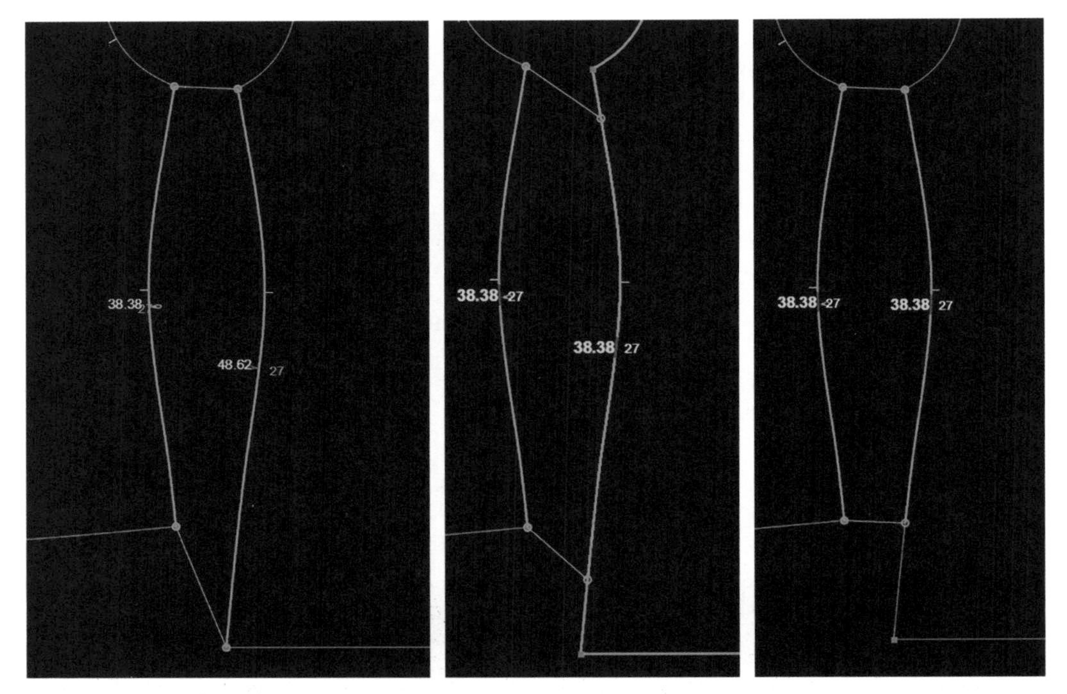

图2-3-3

第四节 试穿

在运行服装“试穿”之前，需要完成服装的摆放、缝合、准备等动作。

一、准备试穿

如果是在“准备”状态下进行“试穿”，需要点击主工具栏中的“ ”，服装开始自动模拟。此时“ ”图标会出现动态的蓝色外边框，待蓝色线条重合即为默认模拟完成。

服装模拟的时间会根据服装款式的复杂程度适当增减。

二、继续模拟

如果是在已经试穿好的服装基础上继续进行模拟，则在点击“ ”后，服装不会自动完成，需要在达到预期效果后，点击“ ”以结束模拟状态，如图2-4-1所示。

图2-4-1

三、更新3D

如果对板型或面辅料属性进行了调整，“试穿”将变为“更新3D”，以提醒此时需要进行更新3D的操作，以使服装能够模拟得更加精准，最后再次点击“完成”即可。

四、一步模拟

对服装的模拟进行微小的调整或控制，可以将试穿调整为“一步模拟”模式。

点击“试穿”下拉菜单，选择“一步”，可将试穿调整为“一步模拟”模式，此时显示更改为“试穿”。在此模式下，每点击一次“试穿”，3D服装都会进行一步微小的调整。

如要不需要“一步模拟”，即可在“试穿”的下拉菜单中再次点击取消“一步”即可。

第五节 板型

一、导入和创建板型

（一）导入板型

点击菜单栏中“文件”→“导入”，在弹出的对话框中，选择需要导入的板型文件，并点击“打开”。板型文件的类型为“*.dxf；*.aam”，如图2-5-1所示。

图2-5-1

（二）复制板型

（1）复制当前文件板型：在主工具栏中点击“ ”并选中“ 裁片 ”。

方法一：点击选择当前文件中需要复制的板型，可使用键盘“Ctrl+C”键复制，“Ctrl+V”键粘贴，以复制板型。

方法二：点击选择当前文件中需要复制的板型，点击鼠标右键，在弹出的菜单中选择“复制”，此时会出现子菜单，有“仅形状”和“包括缝合”两个选项，如图2-5-2所示。

仅形状：单独复制板型，不复制缝合线。

包括缝合：同时复制板型和缝合线。

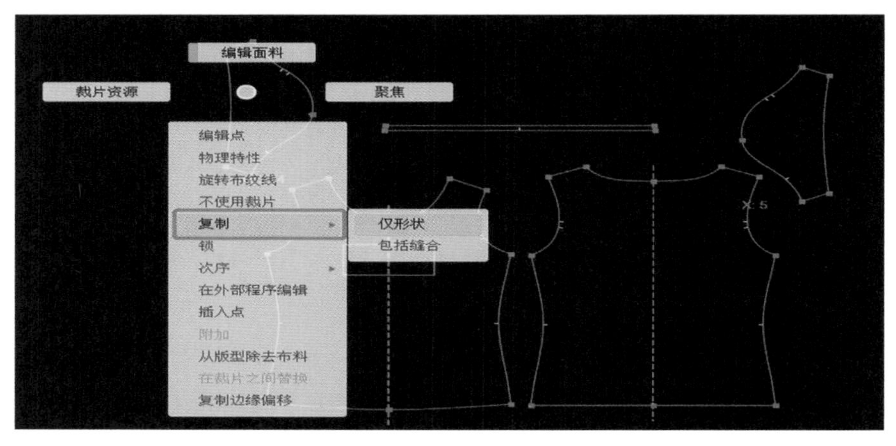

图2-5-2

（2）复制其他文件中的板型：如果需要复制其他文件中的板型，需要另外打开一个文件，点击需要复制的板型，使用键盘“Ctrl+C”键复制，再次回到当前文件中使用“Ctrl+V”键即可复制板型。

（三）创建新板型

（1）插入板型：在主工具栏中点击“”，并在子菜单栏中点击下拉菜单，选择“长方形”或“椭圆”，如图2-5-3所示。

①选择“长方形”，可直接绘制矩形或正方形。

方法一：按住鼠标左键直接进行拖拉，即可绘制长方形；按住键盘“Shift”键拖拉，即为正方形。在鼠标拖动的同时，方形边缘处会显示长度数值，如图2-5-4所示。根据所需数值，将板型拖动到合适大小后，松开鼠标即可创建成功。

图2-5-3

方法二：在选择“长方形”后，在空白处点击鼠标左键，会弹出数值对话框，可直接输入需要创建板型的长、宽数值。“ ”为比例锁定，默认当前状态下长宽数值一致，输入数值并点击“插入”后为正方形；点击“ ”当其更改为“ ”时，长宽比例不限，可插入长方形，如图2-5-5所示。

②选择“椭圆”，可直接绘制椭圆或正圆形。直接拖拉，即可绘制椭圆形；按住“Shift”键拖拉，即为正圆形。

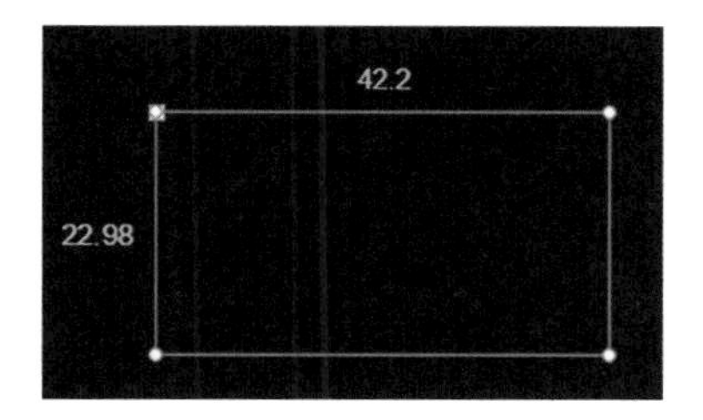

图2-5-4

（2）自由绘制板型：使用“钢笔”工具可以任意创建需要的板型形状。在工具栏中点击“”，在2D界面中点击以创建第一个点。再次点击为创建直线，点击并拖动为创建曲线。鼠标悬浮到第一个点上，当显示为“”时，再次点击即为结束绘制。

图2-5-5

二、板型编辑

（一）布纹线更改

在板型显示布纹线：点击2D界面左上角的“”，可显示或隐藏布纹线，此时在所有板型中间会显示布纹方向，如图2-5-6所示。

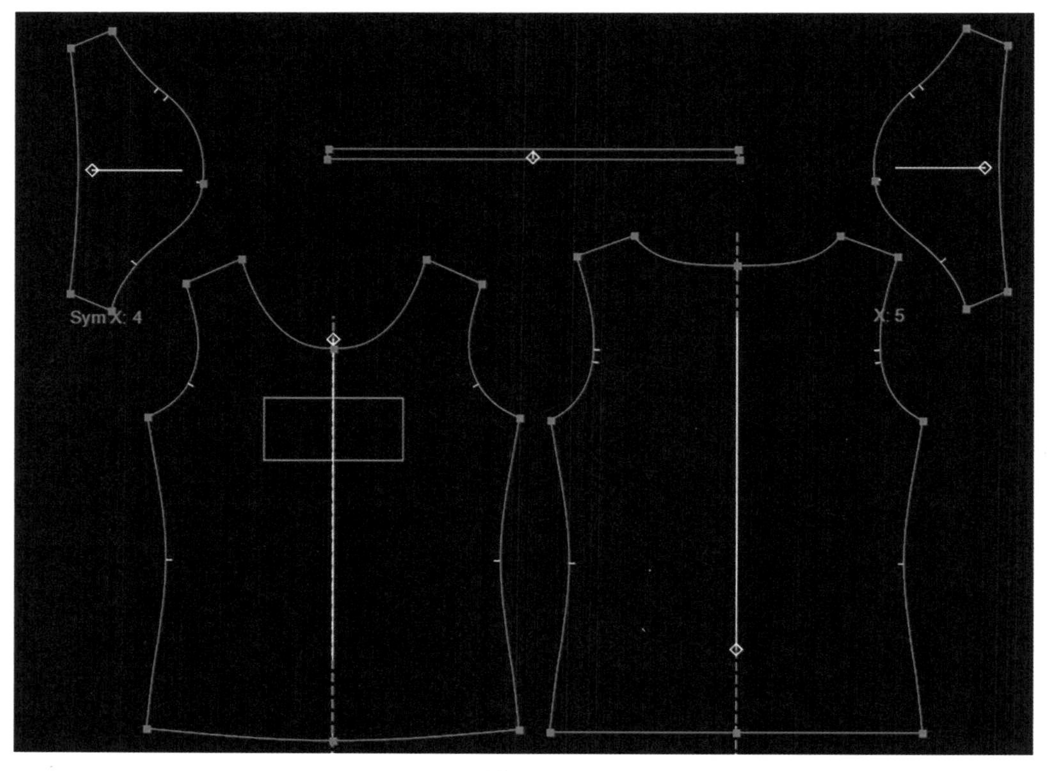

图2-5-6

方法一：在主工具栏中点击“”，然后在2D窗口界面点击需要更改布纹线的板型，在右侧的相关视图“行动”标签下，找到“布纹线角度”一栏，输入角度数值后，点击键盘的“Enter”键即可，如图2-5-7所示。

方法二：直接点击需要更改板型的布纹线，该布纹线变为蓝色并同时出现圆形旋转坐标轴，点击圆形轴上的“黑点”拖动以更改方向；按住键盘“Shift”键并点击拖动，为45°角旋转，如图2-5-8所示。

或在右侧相关视图中“变换”标签下直接输入“旋转角度”，如图2-5-9所示。

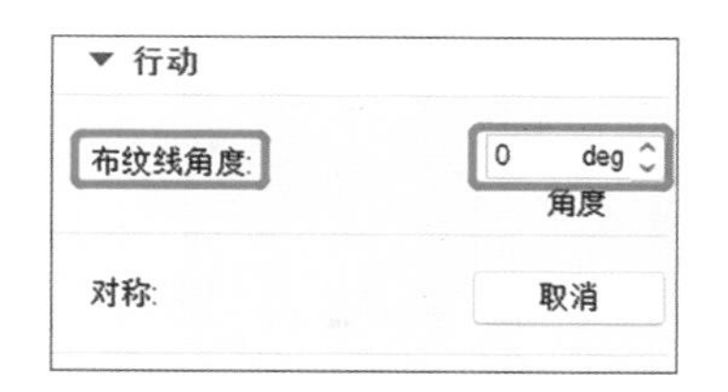

图2-5-7

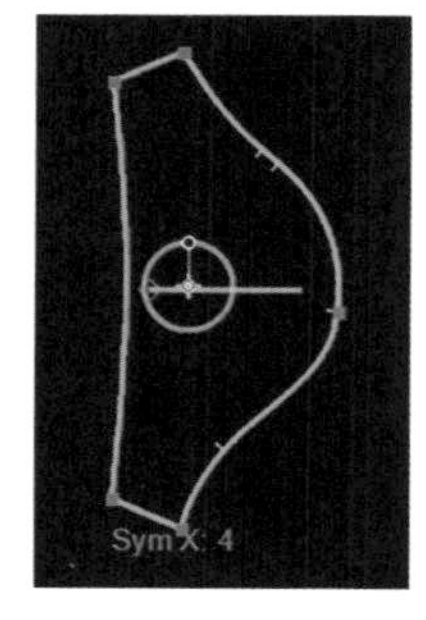

图2-5-8

图2-5-9

（二）板型对称、取消对称

板型对称分为三种：内部对称、边缘对称、关联板型对称。

（1）内部对称：是在同一个板型内创建对称。板型左右两边需要完全一致，且在设置内部对称后，左右两边的修改也会同步。

在主工具栏中点击“ ”，点击需要内部对称的板型，在右侧的相关视图中“行动”标签下，点击内部对称“创造”即可，如图2–5–10所示。

取消内部对称：点击需要取消对称的板型，在右侧的相关视图中点击“保留两个”，即在取消当前板型对称属性的同时保留整个板型形状（包括内部线）；点击“保留一半”，即在取消当前板型对称属性的同时保留板型左侧一半的形状（包括内部线），如图2–5–11所示。

图2–5–10

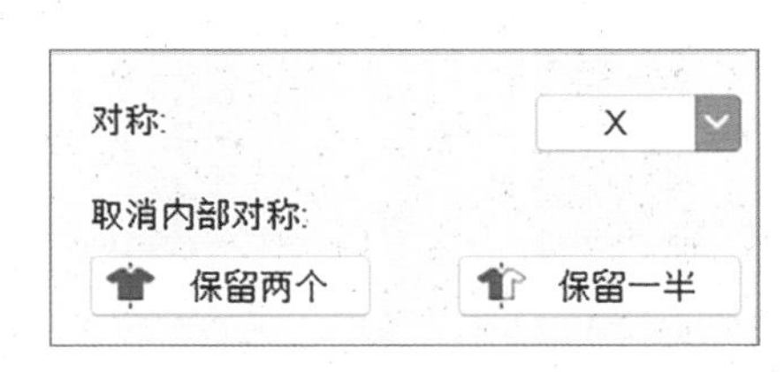

图2–5–11

（2）边缘对称：是通过板型的一条边缘，创造以这条边缘为中心的对称板型。

点击需要对称的板型边缘，在右侧相关视图“边缘对称”后点击“创造”，如图2–5–12所示。

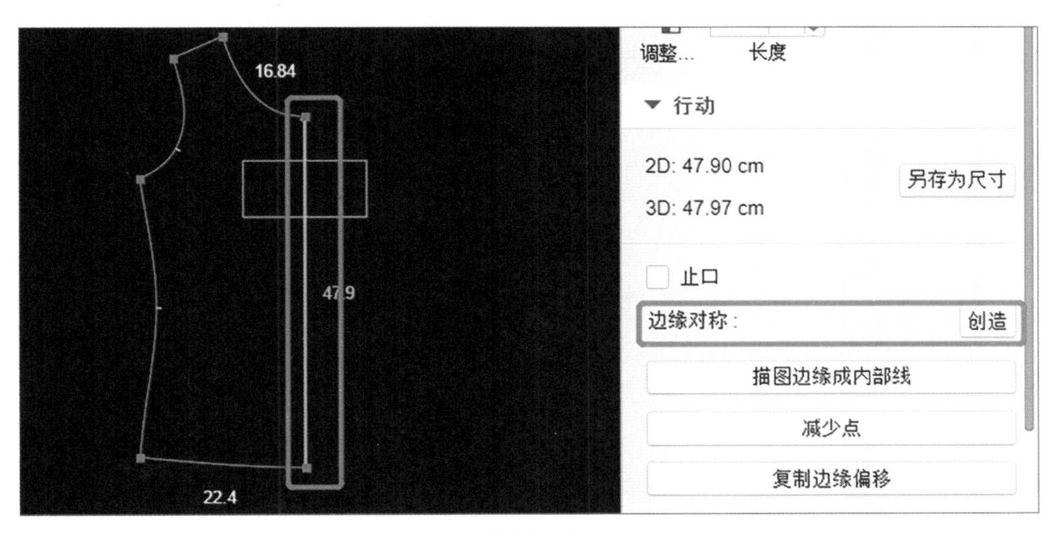

图2–5–12

（3）关联板型对称：是创建一个板型的对称片。一般应用于左右袖片、裤片、兜之类的板型。对称后的板型在修改时会同步，即对其中一片板型进行缝合时，另一片也会自动缝合。

点击需要对称的“母板”板型，在右侧的相关视图“对称”标签下点击“*X*轴”，即为以“*X*轴”对称；点击“*Y*轴”，即为以“*Y*轴”对称。新生成的对称板型为“子板”，其布纹线也会跟随“*X*轴”和“*Y*轴”对称，如图2-5-13所示。

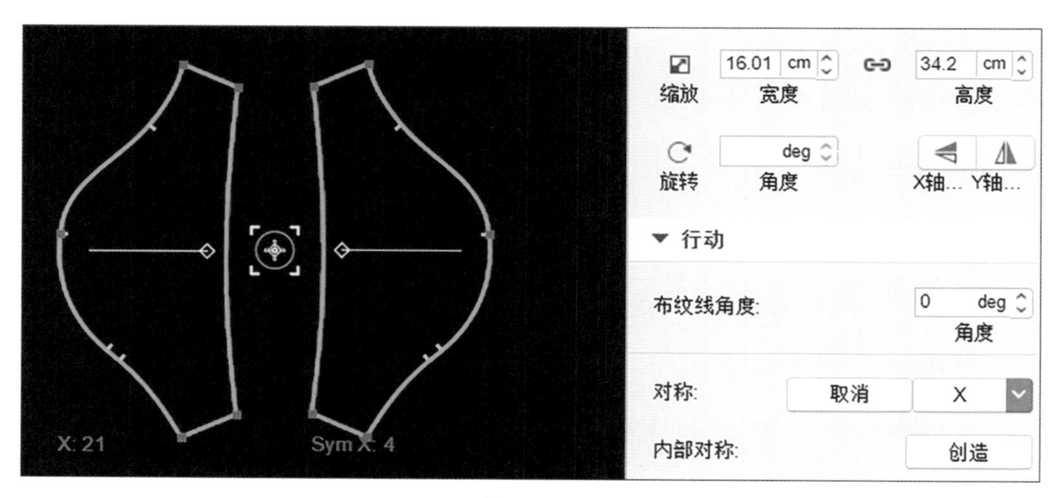

图2-5-13

取消对称：对称板型可点击键盘“delete”键直接删除；也可以选择对称的“子板”，在右侧的相关视图中点击“对称取消”，则可取消板型对称属性。

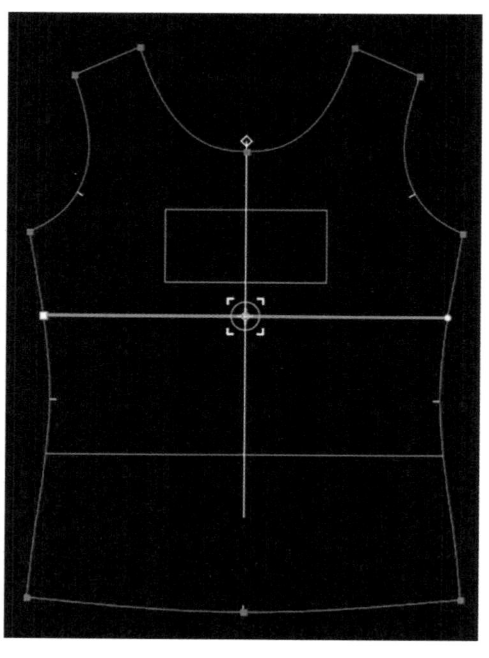

图2-5-14

（三）板型分割、融合

（1）板型分割：使用绘制内部线的方式对板型进行切分。

使用“ ”工具在板型上绘制内部线，内部线绘制需要与板型边缘线相交。

方法一：使用“ ”，点击需要分割的内部线段（按住键盘“Shift”键可多选）。此时被选中的内部线会呈现为绿色，如图2-5-14所示。

点击右侧相关视图中的“切”，板型即按照内部线进行分割，同时被切开的边缘会自动生成一条缝合线，如图2-5-15所示。

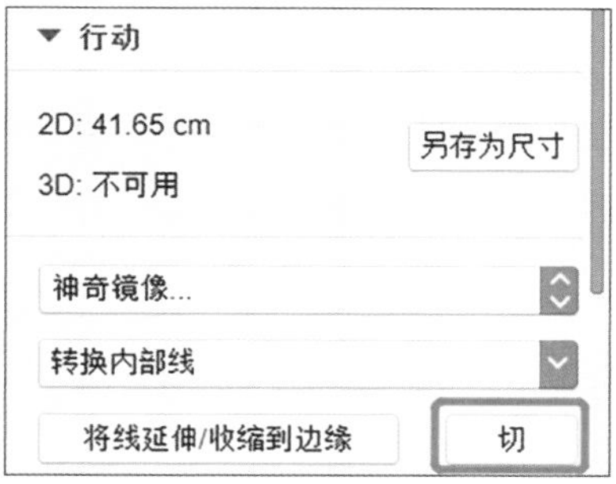

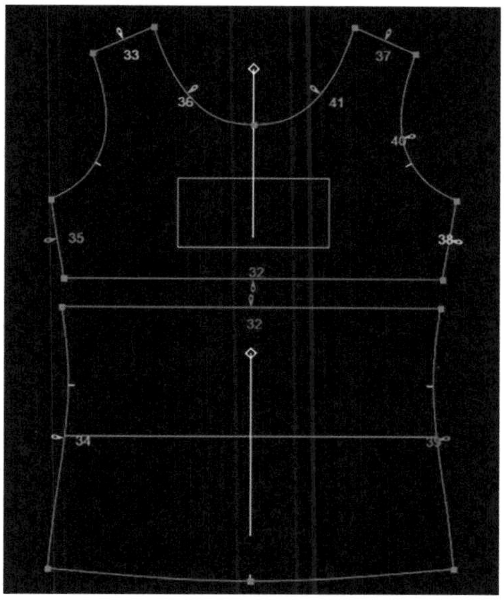

图2-5-15

方法二：使用“ ”，选中板型上所有需要分割的内部线；在右侧相关视图中“线条属性”下勾选“剪切标记”，如图2-5-16所示。

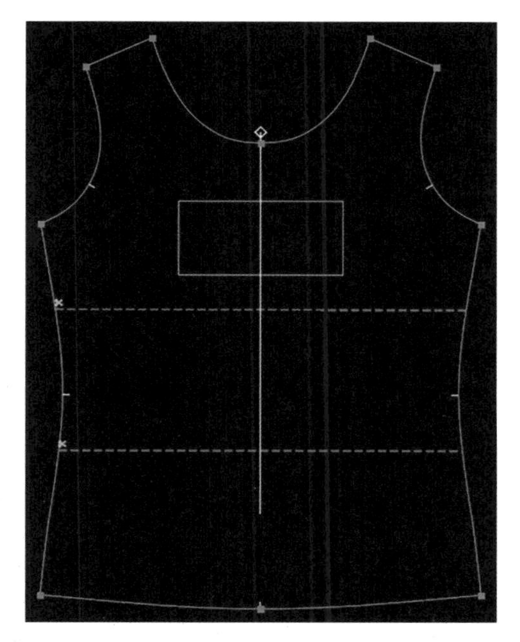

图2-5-16

使用“ ”点击当前板型，在相关视图中点击“分割”，当前板型会按照所有“剪切标记”线段进行分割，同时生成缝合线，如图2-5-17所示。

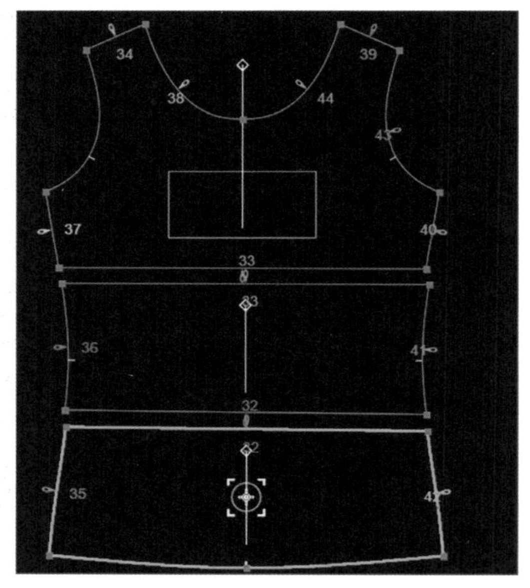

图2-5-17

（2）板型融合：使用板型融合将两片或多片板型合并成一片板型。

点击并拖动需要合并的板型，使板型边缘相交。此时可以点击使用“子菜单”上“对齐 点 边缘”，使板型在拖动时，能够自动吸附角点及边缘，如图2-5-18所示。

点击框选所有需要融合的板型，在右侧相关视图中“行动”标签下点击“融合版型”即可，如图2-5-19所示。新融合的板型会呈现于原板型上方，此时需要点击并拖动新板型即可查看新旧板型。

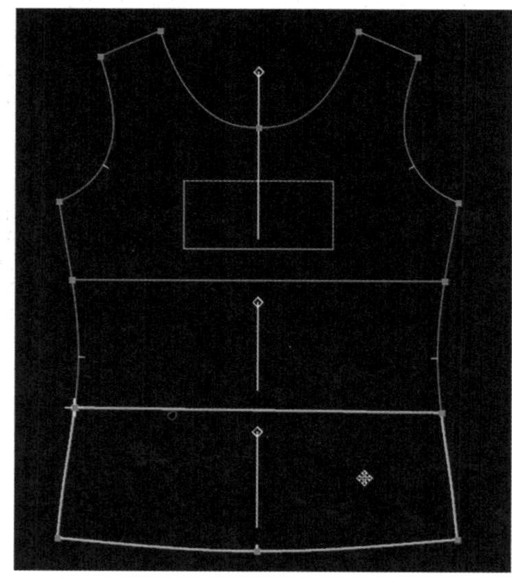

图2-5-18

图2-5-19

（四）板型移动、调整大小、旋转

点击主工具栏中“[icon]”，点击（按住“Shift”键可多选）需要移动、调整大小或旋转的板型。

（1）移动：点击并拖动。如果需要同时移动所有板型，按住鼠标滚轮键并拖动即可。

（2）调整大小：有两种方法可以对板型大小进行调整。

方法一：点击板型，出现调整坐标轴“[icon]”，按住四个角的箭头并拖动，可直接等比调整大小。

方法二：点击板型，在右侧的相关视图“变换”标签下找到“缩放”，可调整板型的宽度和高度数值，如图2-5-20所示。

默认情况下，板型的宽度和高度比例是固定的“[icon]”，想要单独修改一个数值而不影响另一个，则需要解除比例锁定状态，点击“[icon]”，将状态调整为“[icon]”，再修改数值即可。

图2-5-20

（3）旋转：有两种方法可以旋转板型。

方法一：点击板型，出现调整坐标轴“[icon]”，点击并拖动圆圈上的“黑点”，即可旋转板型；按住键盘“Shift”键可45°角旋转。

方法二：点击板型，在右侧的相关视图“变换”标签下找到“旋转”，直接输入旋转角度。点击“*X*轴”或“*Y*轴”，板型会沿“*X*轴”或“*Y*轴”进行翻转，如图2-5-21所示。

图2-5-21

（五）抽取板型

可以通过从一个板型中抽取形状来创建新的板型。

（1）使用主工具栏中“[icon]”，在板型内部绘制与板型边缘相交的线段；或直接用“插入”长方形（或圆形）在板型内部绘制形状。

（2）点击主工具栏“[icon]”，在下拉菜单中选择“抽取版型”，如图2-5-22所示。

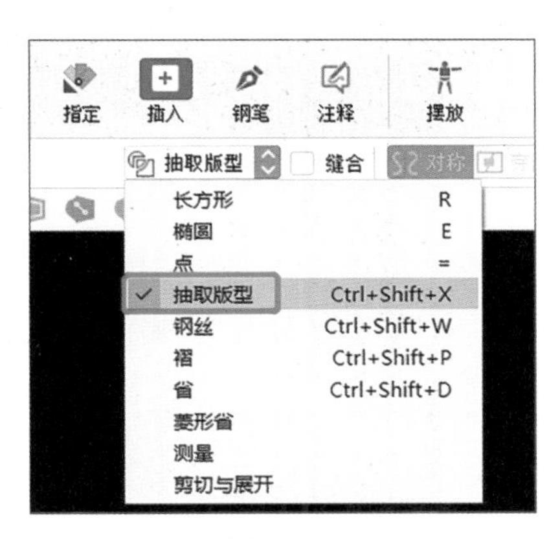

图2-5-22

此时鼠标显示为“[icon]”。将鼠标悬浮在板型上，当板型颜色变为浅黄色，则显示当前板型可抽取形状，如图2-5-23所示。

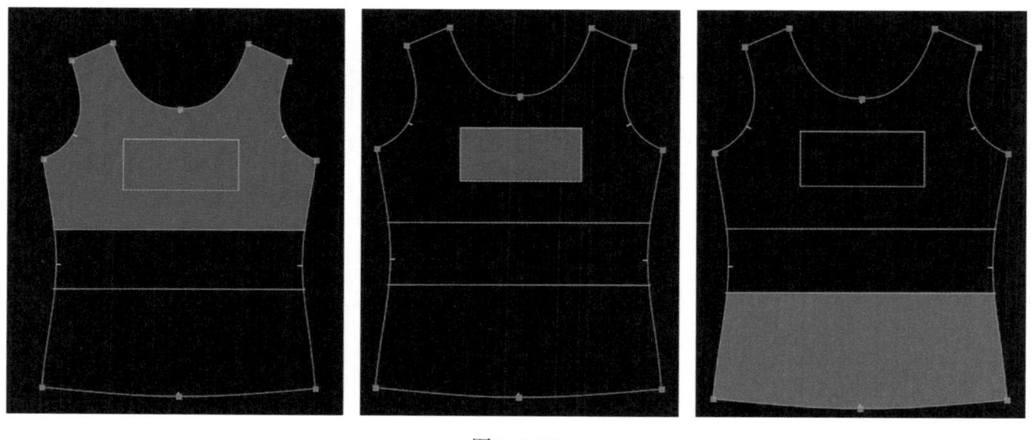

图2-5-23

根据需要选择抽取的板型形状，单次点击为“选取”，再次点击为“抽取”。新抽取的板型会浮现在旧板型上方，拖动板型放到空白处即可查看。抽取的板型会自动复制原板型内部的所有属性，包括面辅料、颜色及内部线，如图2-5-24所示。

也可以将两片板型重叠后抽取形状，如图2-5-25所示。

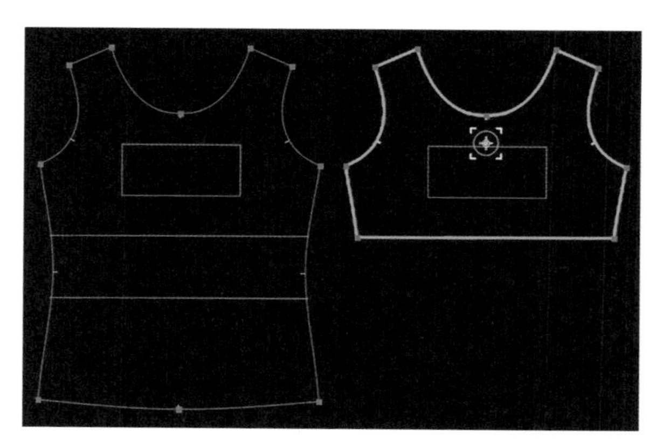

图2-5-24

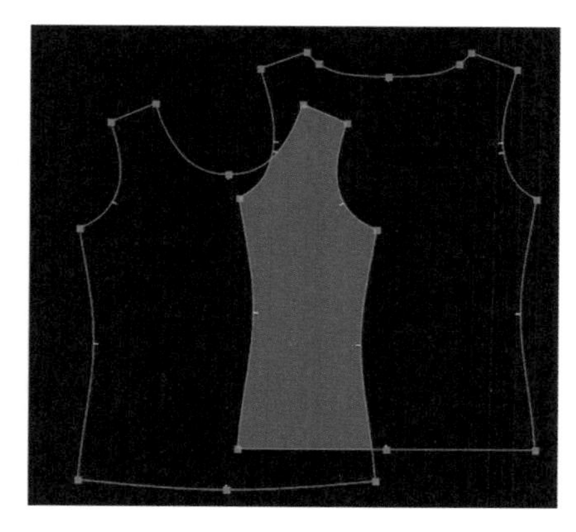

图2-5-25

（六）板型模拟特性

使用“[icon]”，点击板型，可以看到右侧相关视图中的“模拟特性”，如图2-5-26所示。

（1）在3D中使用：决定该板型是否参与3D窗口的模拟，一般情况下都是默认勾选状态。

（2）细节（网格）：网格数值决定了3D窗口中板型模拟时的网格高度与宽度。一般情况下高度与宽度数值为1，其比例固定。网格数值范围一般是0.2～2，数值越小，板型网格越小越密，其服装模拟细节越精细，但同时服装模拟时间也会相应增加。点击“🔗”转变为“⊂ ⊃”，可分别调整长宽数值，如图2-5-27所示。

图2-5-26

（3）3D图层：可调整板型的叠放顺序，其图层数值越大，板型越靠外侧（远离人台），一般情况下数值默认是2。数值更改较多情况常应用于：贴兜口袋、有叠放的门襟、袖口等部位，或是有多层服装的套穿，外层的服装板型图层要大于里层的服装板型图层。

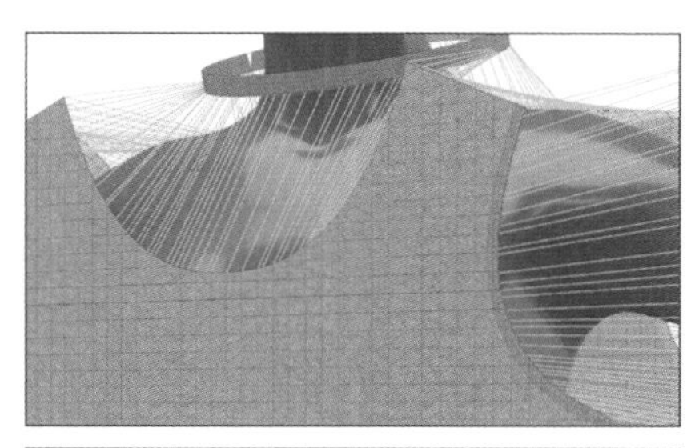

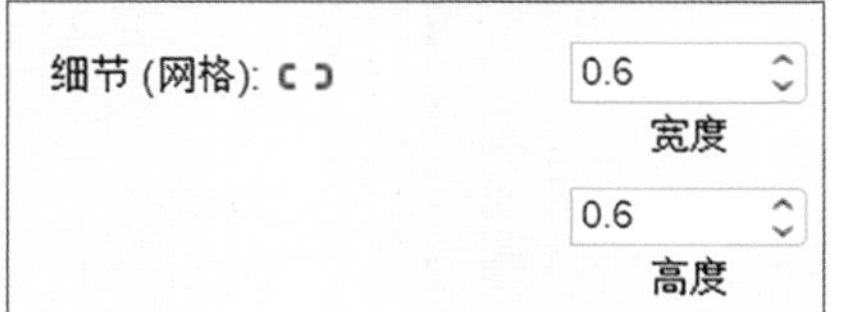

图2-5-27

（4）冲突类型：当板型出现重叠时，使用冲突类型进行设置，可以是同一板型，也可以是缝合在一起的板型。一般应用于系扣的衬衫袖口、领口或门襟等部位。点击下拉菜单，可显示所有的“冲突类型”选项，如图2-5-28所示。所有板型以布纹线箭头方向为右，箭头逆时针90°方向为上，如图2-5-29所示。

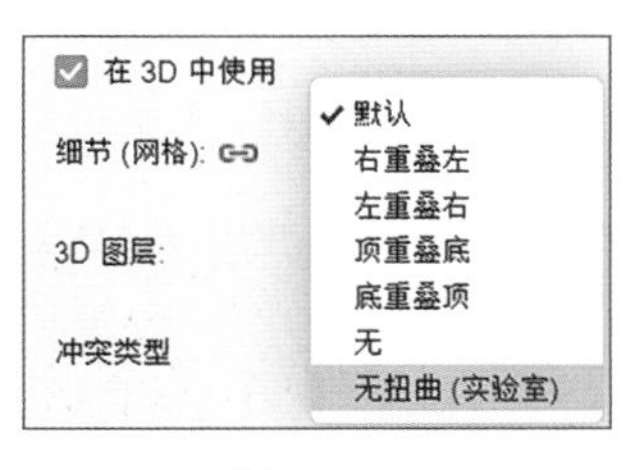

图2-5-28

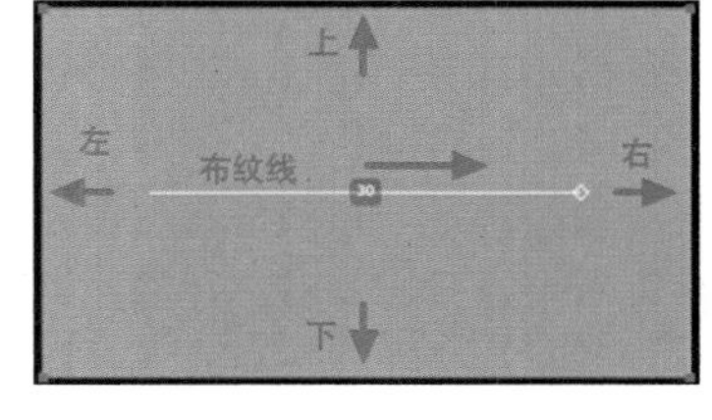

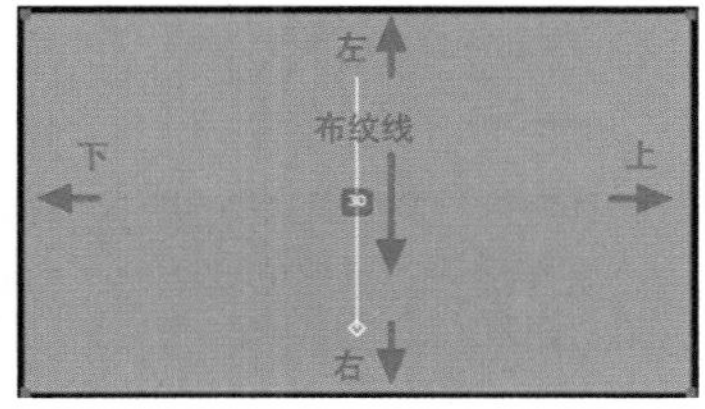

图2-5-29

（七）板型锁定、隐藏与删除

（1）锁定：板型锁定后将不可移动和修改。使用“▶”点击板型，右键在下拉菜单中选择“锁”，板型边缘变为灰色即为锁定；再次右键点击选择“解锁”即可恢复。

（2）隐藏（不使用）：在2D和3D界面隐藏板型。使用“▶”点击选中板型，在界面左侧的“2D”栏中，选中的板型会呈现蓝色，在板型后找到图标“⊘”，点击后即可隐藏，再次点击即可恢复使用。

（3）删除：从软件中删除板型。使用“[icon]”点击选中板型，使用键盘“delete”键即可删除。

三、线段编辑

（一）在线上添加或减少点

（1）添加点：点击主工具栏“[icon]”，在子菜单栏中选择“点”，在板型边缘或内部线上点击以添加点，如图2–5–30所示。

（2）减少点：点击板型边缘，在右侧的相关视图中，“行动”标签下点击“减少点”，可以去掉边缘上过多的点，如图2–5–31和图2–5–32所示。

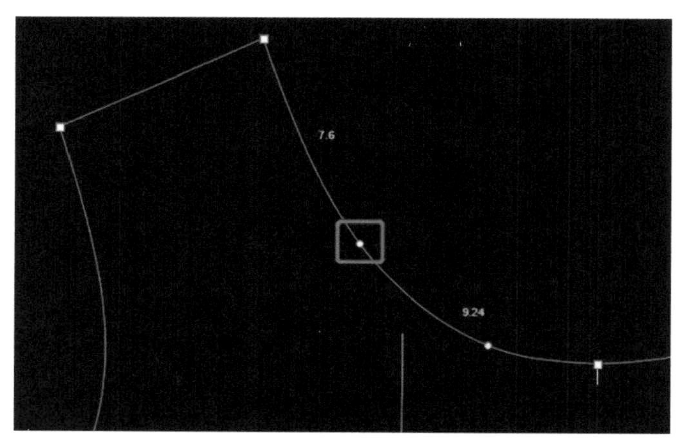

图2–5–30

图2–5–31

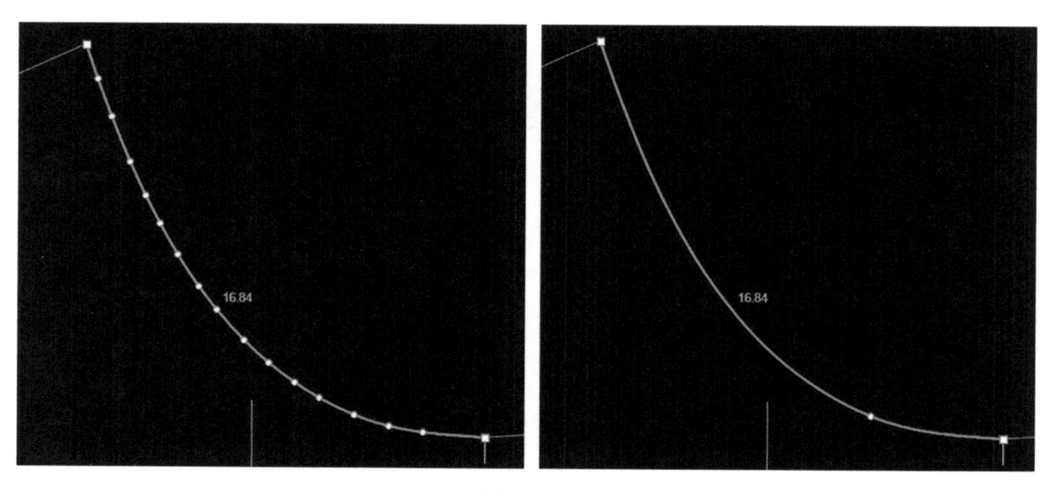

图2–5–32

（二）编辑线段

（1）内部线：使用“”并点击内部线，右侧相关视图中会出现线段相关选项操作，如图2–5–33所示。

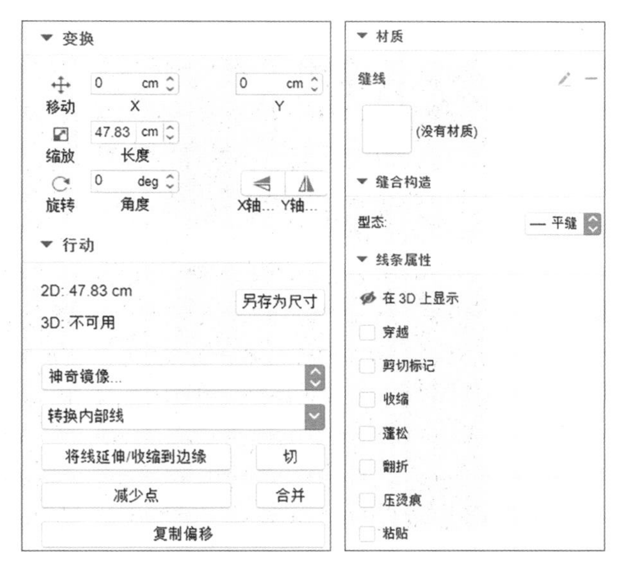

图2–5–33

①移动：对线段位置进行移动。

②缩放：对线段长短进行更改。

③旋转：对线段进行旋转。

④X/Y轴：对线段进行X轴或Y轴翻转变换。

⑤另存为尺寸：保存线段长度为一个尺寸。

⑥神奇镜像：对线段进行对称复制。点击“形状”可将线段进行对称复制，且仅复制线段的形状；点击“形状＋材质”可将线段进行对称复制，同时复制线段的形状以及线段相关材质颜色等属性，如图2–5–34所示。

也可直接在线段上右键点击，在弹出的菜单中选择“神奇镜像”功能，如图2–5–35所示。

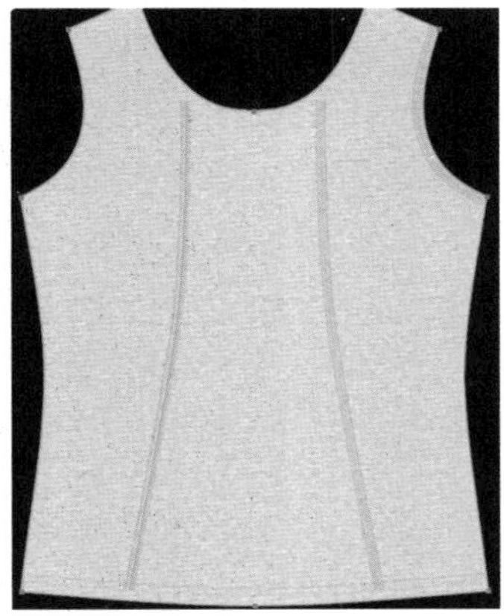

图2–5–34

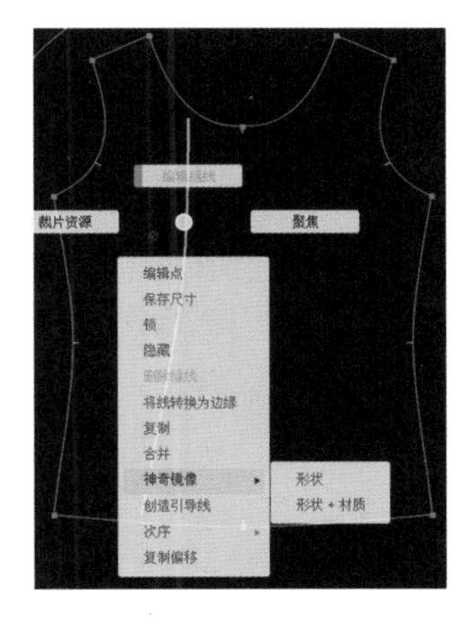

图2–5–35

⑦转换内部线：浮线可将内部线（粉色）转换为可以随意移动的线段（蓝色），不跟随板型移动；边缘可将内部线变为板型边缘线。

⑧将线延伸收缩到边缘：使内部线段两端与板型边缘相交，并随着线段的移动，始终保持相交的状态，如图2-5-36所示。

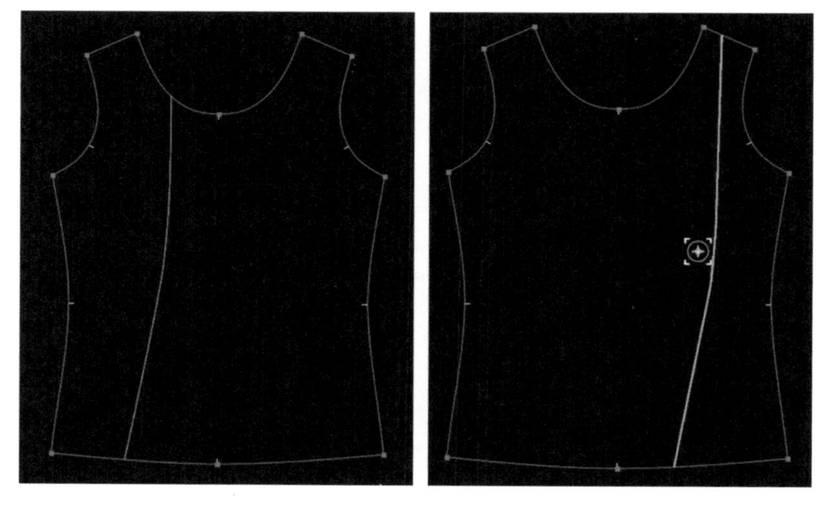

图2-5-36

⑨切：内部线与板型相交时，点击可对板型进行切分。

⑩合并：点击同一板型内两条内部线的2个端点，可将两条内部线连接合并成一条线。

⑪复制偏移：点击一条内部线，可通过输入间距和数量对线段进行移动复制。例如：复制2条与所选线段在横向X轴距离3cm的线段，如图2-5-37所示。

图2-5-37

⑫转为省：将线段转化为省，首先确保线段是与板型边缘相交的，在弹出的对话框中选择创建省的长度，如图2-5-38和图2-5-39所示。

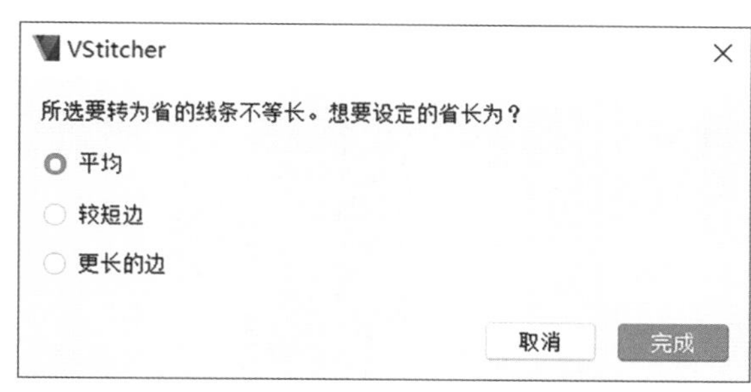

图2-5-38

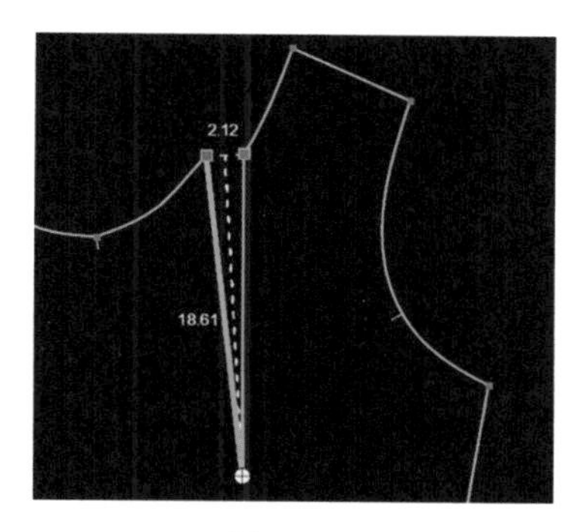

图2-5-39

⑬材质：点击“ ”或“ ”可转到编辑材质视图，同时可通过显示将材质设置在服装表面或背面。

⑭缝合构造：点击“型态”后的下拉菜单，可修改缝线效果，如图2-5-40所示。

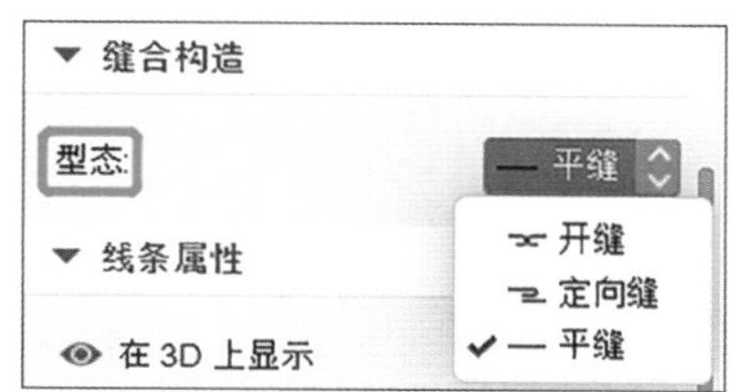

图2-5-40

⑮线条属性：对线段的属性进行编辑和修改。

在3D上显示：点击“ ”为“ ”，线段将不在3D服装试穿中显示。

对称：勾选可为对称板型创建对称线，此时不可用“穿越”。

穿越：勾选可穿越多个板型画线，此时“对称”不可用。

剪切标记：勾选可对线段设置剪切标记，线段变为红色虚线。当线段2个端点与板型边缘相交时，可给此区域设置不同面料，如图2-5-41所示。

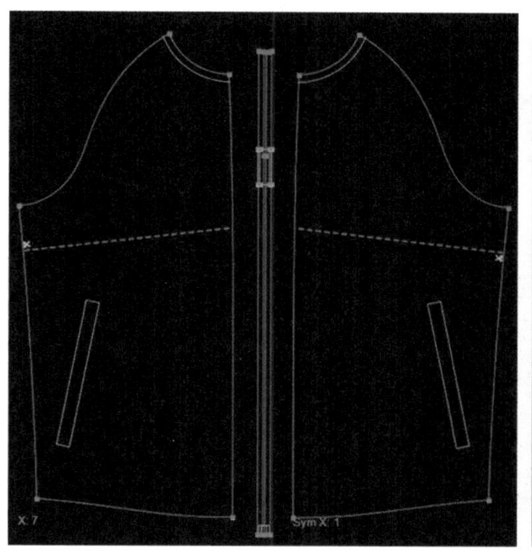

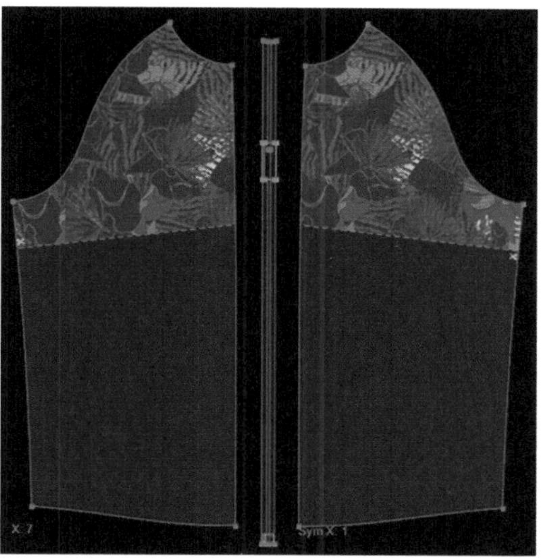

图2-5-41

收缩：通过输入数值或比例，给线段设置收缩，多用于腰头、袖口等需要松紧的部位。

蓬松：给线段设置蓬松，多用于棉服、羽绒服的绗缝线操作。

翻折：沿线段进行翻折，多用于领口、袖口等需要翻折的部位。

压烫痕：沿线段进行压烫，例如西裤。

粘贴：使线段始终与板型边缘相交。

（2）板型边缘线：使用“选择”并点击板型边缘线，右侧的相关视图中会出现线段相关选项操作，如图2-5-42所示。

①移动：输入数值可对板型线段进行移动。

②调整：输入数值可对板型线段长度进行修改。

③另存为尺寸：保存选择的线段长度尺寸（同时按住键盘“Shift”键可多选）。

④止口：输入数值以给板型设置止口（缝份），正数向外，负数向内。

⑤描图边缘成内部线：在两片板型叠加时，可将一片板型的边缘描绘成另一板型的内部线，如图2-5-43所示。

⑥减少点：减少板型边缘上过多的点，以方便3D模拟。

⑦复制边缘偏移：通过输入线段间距和数量以复制板型边缘线段为内部线，如图2-5-44所示。同时可选择将线段“延伸到边缘”，使其与板型边缘相交，如图2-5-45所示。

⑧材质：同“内部线”材质功能。

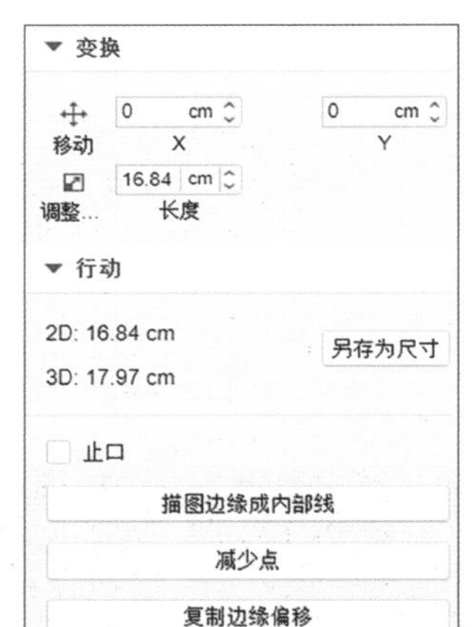

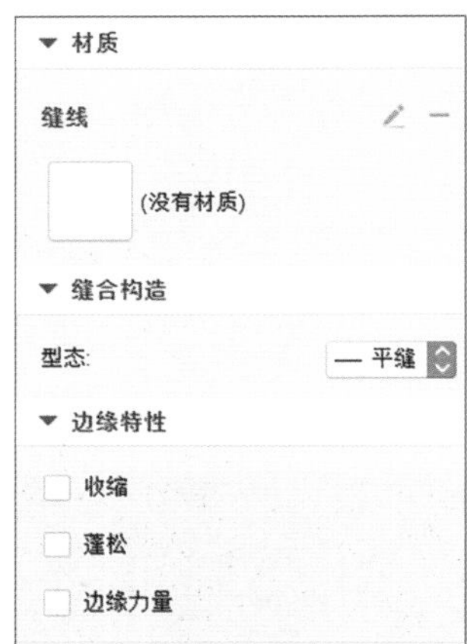

图2-5-42

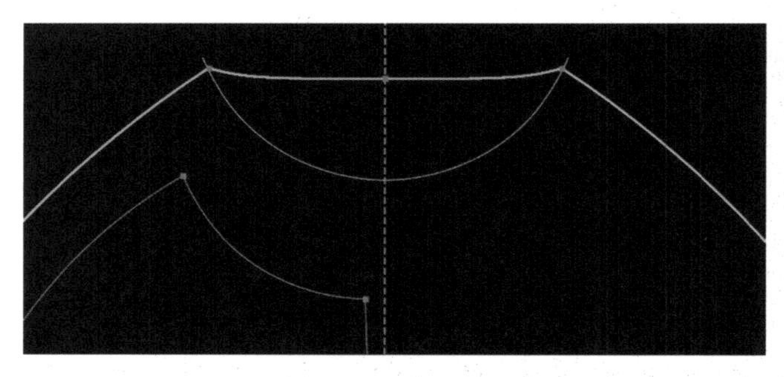

图2-5-43

图2-5-44

⑨缝合构造：同“内部线”缝合构造功能。

⑩边缘特性：对板型边缘线特性进行设置。

收缩：同“内部线”收缩功能。

蓬松：同“内部线”蓬松功能。

边缘力量：勾选可通过输入比例和深度给板型边缘设置力量。注意，同时选择“收缩”和“边缘力量”，效果会彼此抵消，故不建议同时使用。

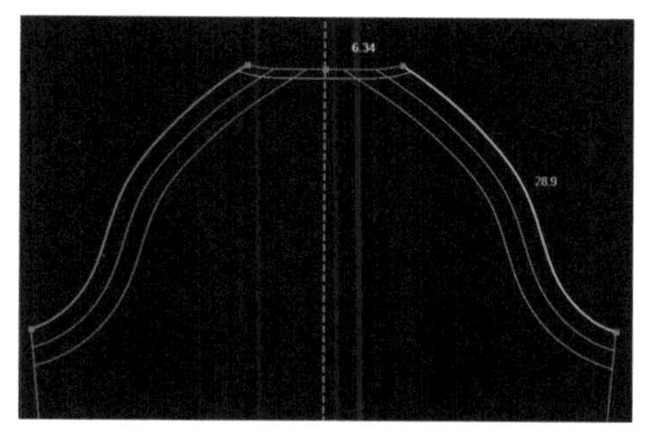

图2-5-45

（三）边缘滑动

点击并拖动，可将已选板型边缘沿两条相交边缘滑动。

（1）使用“选择”，在子菜单栏中选择“编辑点”和“滑动”，同时点击“”追踪改变，以查看修改。

（2）点击并拖动板型边缘滑动，可查看修改后与原板型对比效果，如图2-5-46所示。

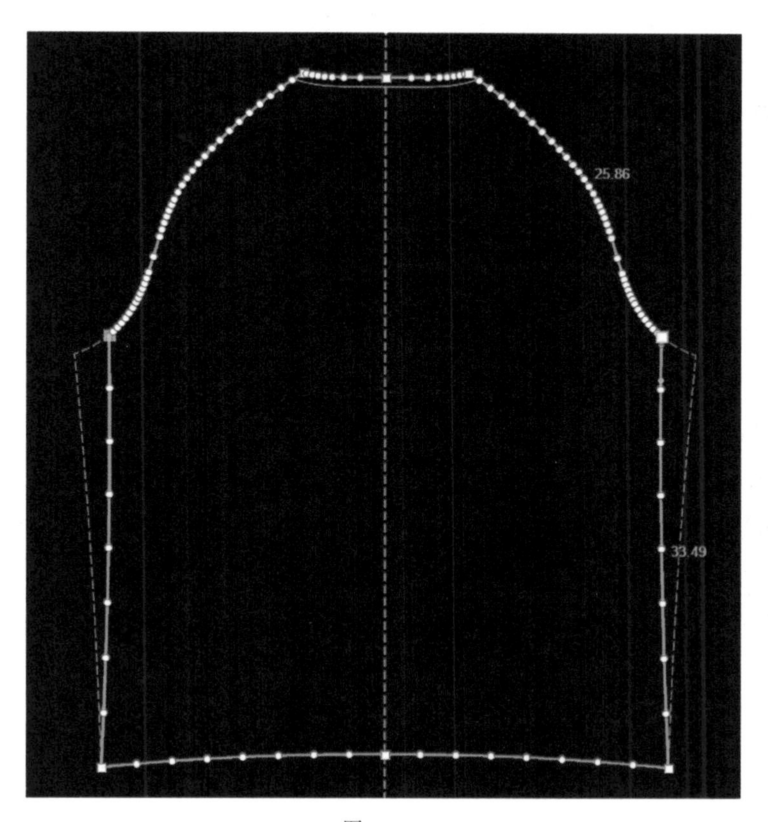

图2-5-46

四、点编辑

（1）添加点：在板型边缘线上添加点。

方法一：点击“ ”，在子菜单栏中选择“ ”，直接在板型边缘上点击。此时会显示该点距离上下两个端点的距离数值，点击并输入数值，可精确控制添加点的位置，如图2-5-47所示。

方法二：点击“ ”，在子菜单栏中点击“点”，可在边缘上添加点。

（2）编辑点：点击“ ”，在子菜单栏中选择“ ”，点击板型上的任意点，点两端会显示出手柄，同时右侧相关视图会显示点的属性的相关功能操作，如图2-5-48所示。

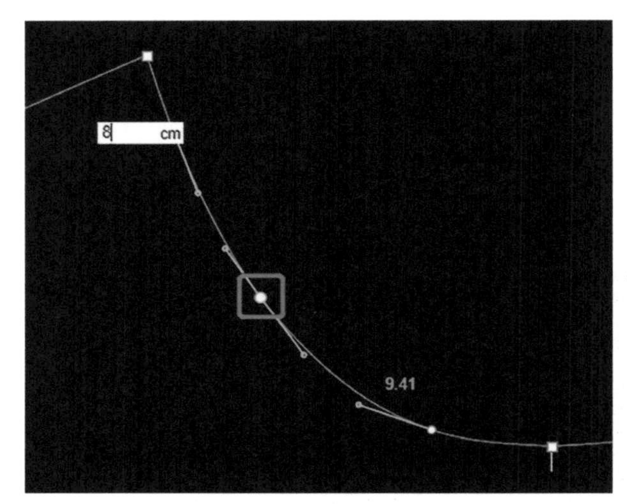

图2-5-47

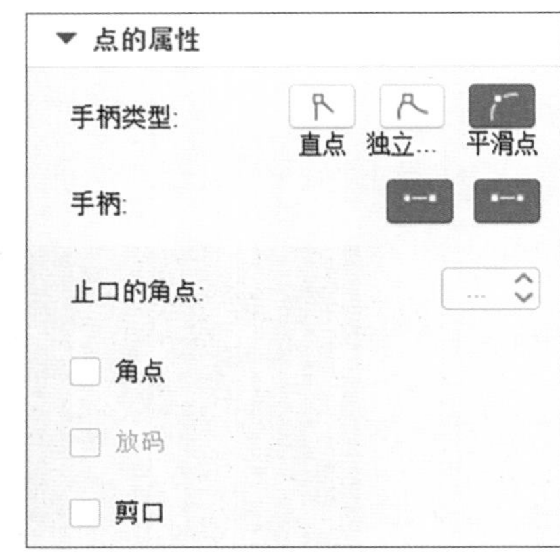

图2-5-48

①手柄类型：点击选择点的手柄类型，直点、独立点或平滑点，如图2-5-49所示。

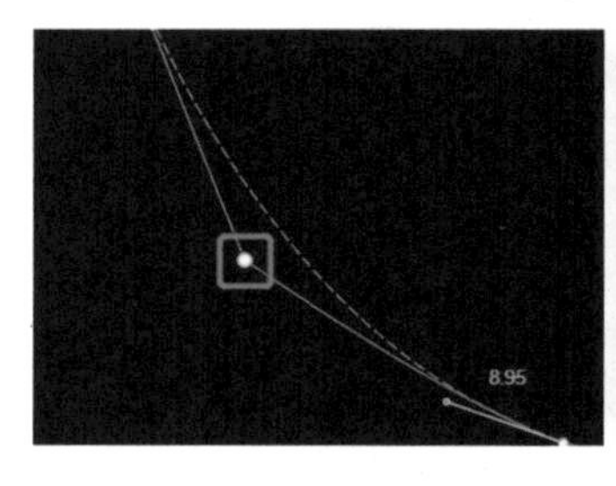

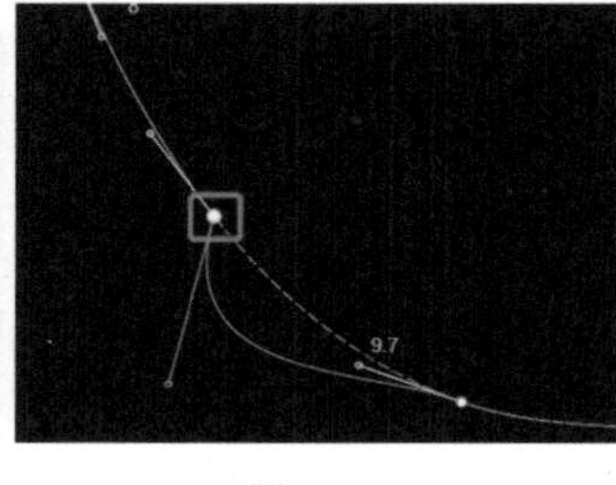

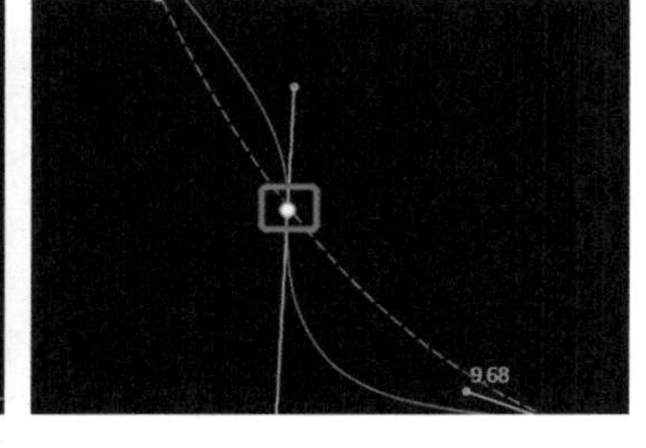

图2-5-49

②手柄：点击可以设置是否显示手柄，如只需要修改一边的形状，另一边的手柄则可以取消，如图2-5-50所示。

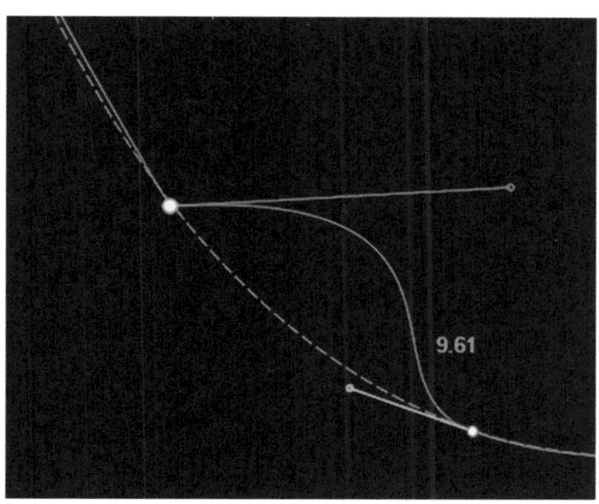

图2-5-50

③角点：方形点为角点，通过勾选“角点”可将圆形点改为角点，此时线段将被截断，如图2-5-51所示。

④剪口：勾选后可给板型边缘添加剪口标记，可用于板型对齐剪口并缝合，例如缝合袖窿，如图2-5-52所示。

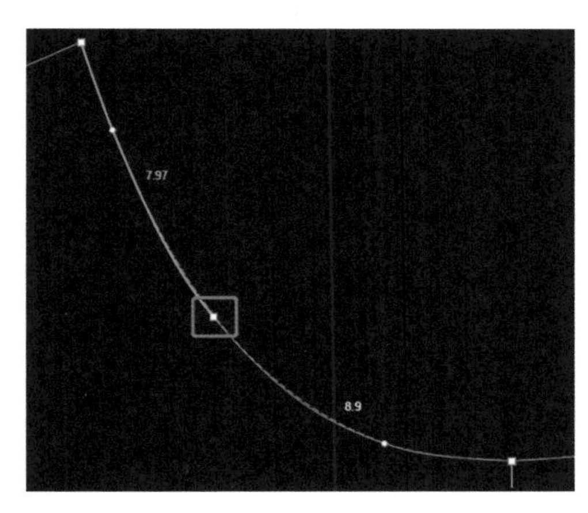

图2-5-51

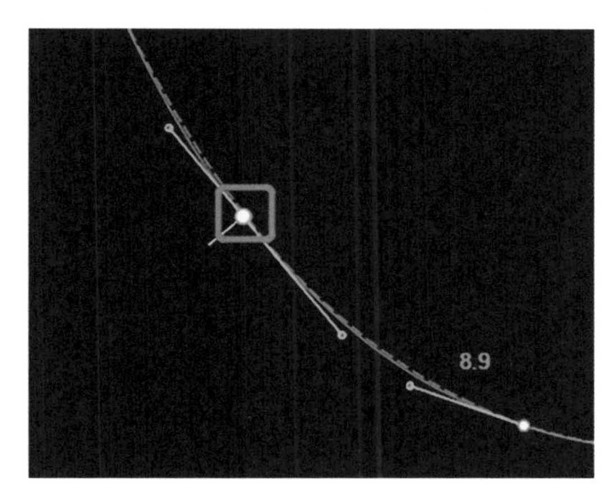

图2-5-52

五、翻折

可在板型内部沿着内部线进行折叠，多用于领口或袖口。

使用“ ”，在领片板型中创建一条内部线，点击该线段并勾选“翻折”，在下拉菜单中会出现三个选项，如图2-5-53所示。

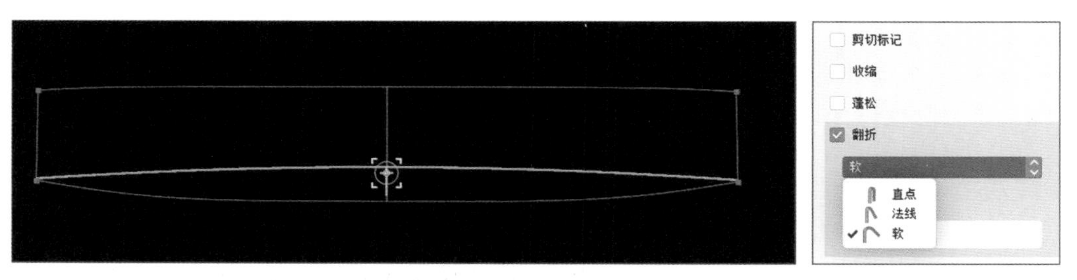

图 2-5-53

（一）翻折线

（1）直点：翻折为直角，效果很强。

（2）法线：默认设置，翻折效果适中。

（3）软：翻折效果偏圆滑，效果较弱。

三种翻折效果如图 2-5-54 所示。

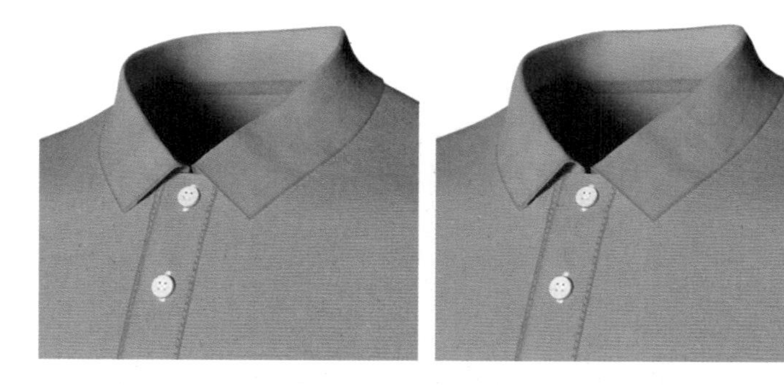

图 2-5-54

（二）翻转翻折方向

默认为向外翻折，点击后翻折方向将相反，为向内翻折。

（三）高级设置

点击后出现如图 2-5-55 所示界面。

（1）准备角：在服装准备时显示的角度，范围是 0～180°。

（2）翻折角度：服装模拟时的角度，范围是 0～160°。

（3）圆滑：决定了翻折边缘的软硬程度，数值越大越软，范围是 0～100。

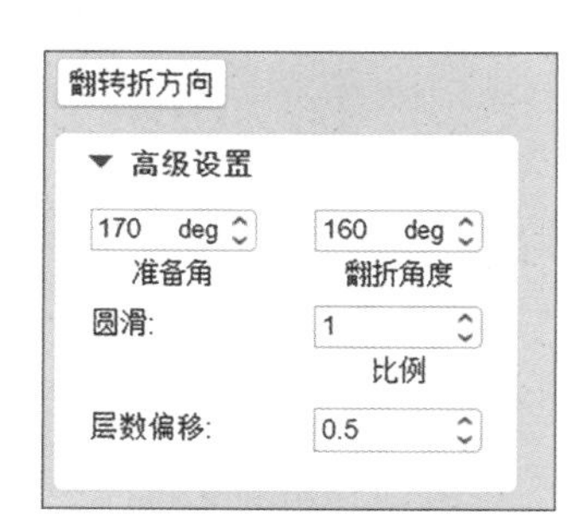

图 2-5-55

（4）层数偏移：决定了翻折后板型位置的偏移情况，避免发生模拟冲突，范围是0～100。

六、褶、省

（一）褶

（1）添加褶：点击“ ”，在子菜单栏中选择“褶”。在板型的边缘处点击，即可默认添加一条垂直于边缘的褶，如图2–5–56所示。

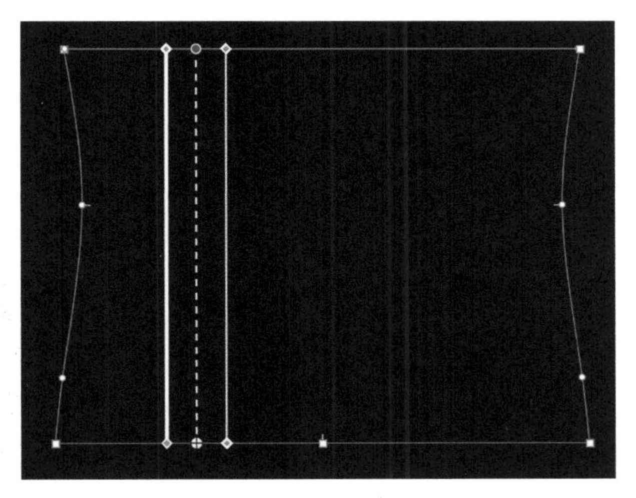

图2–5–56

（2）编辑褶：点击“ ”，选择“编辑点”，并点击需要编辑的褶。

①拖动顶端的“ ”，可沿板型边缘移动褶的位置。

②拖动顶端的“ ”，可改变褶的宽度。

③拖动底端的“ ”，可改变褶的长度和位置，向板型内部拖动可改为三角褶。

④垂直褶：点击褶，可在右侧相关视图中查看和编辑相关选项，如图2–5–57所示。

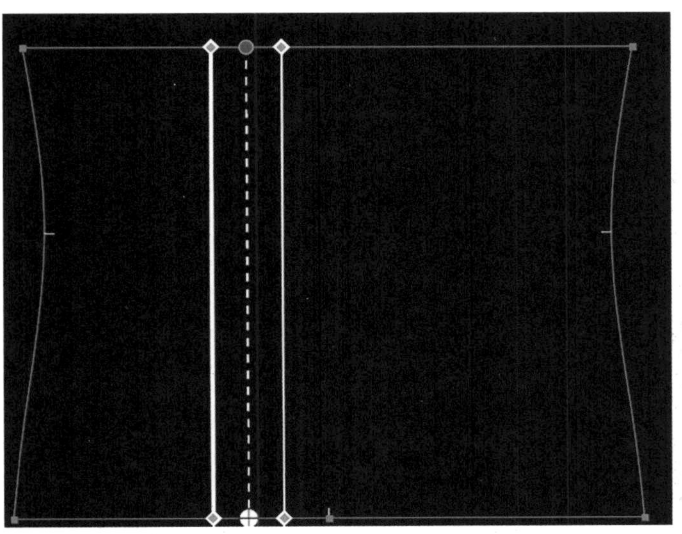

图2–5–57

⑤位置：顶层和底层数值分别为褶的两端距离褶所在线段左侧及右侧角点的距离。

⑥宽度：褶的宽度，即“”褶中心蓝色点距离黄色菱形点的距离。

⑦对齐到开始：点击可使褶的底端回到与褶“”中心点垂直的位置。

⑧缝合：将褶的左右两边（即两条白线）进行缝合。

⑨翻转折叠方向：褶的方向为白线较粗的一方向较细的一方倒，默认为左侧向右侧倒，点击可更改褶的方向。

⑩熨：决定了褶的形态，如图2-5-58所示分别为勾选和没有勾选熨的效果。

⑪三角褶：将底端点拖到板型内部改为三角褶，此时“深度”和“完全缝合”功能开启，如图2-5-59所示。

⑫深度：可通过输入深度数值精确定位褶的深度。

⑬完全缝合：勾选后缝合整个褶。

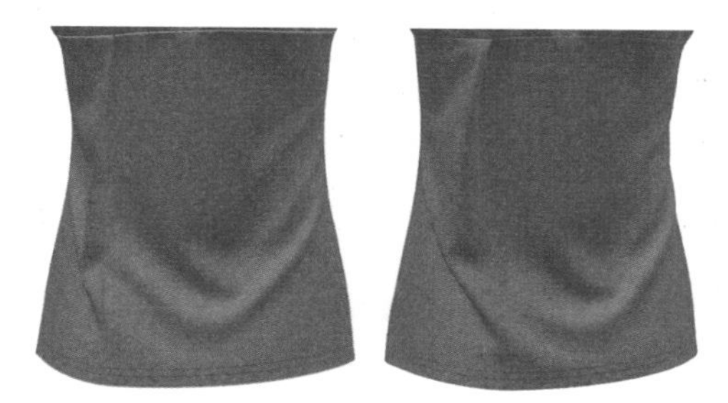

图2-5-58

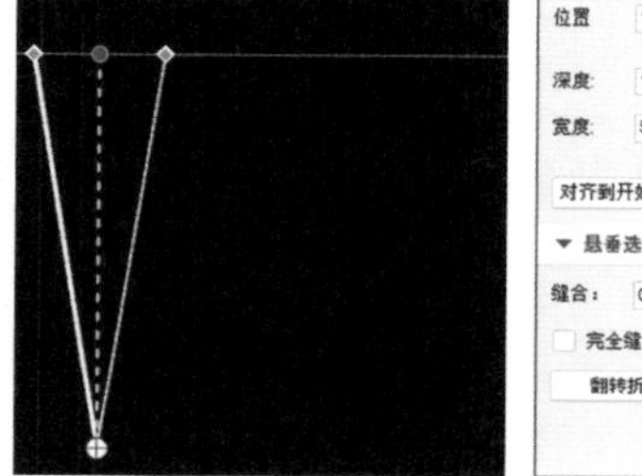

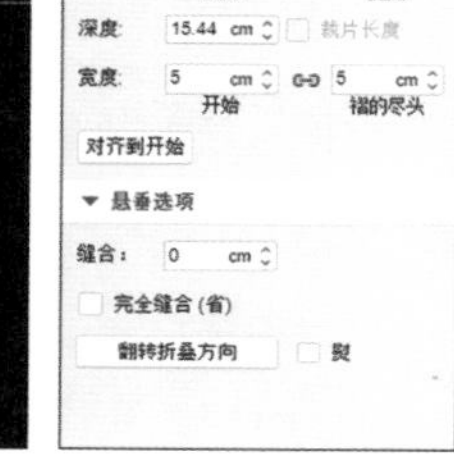

图2-5-59

（二）省

（1）添加省：点击“”，在子菜单栏中选择“省”。在板型的边缘处点击，即可默认添加一条垂直于边缘的省，省的两边默认自动缝合，如图2-5-60所示。

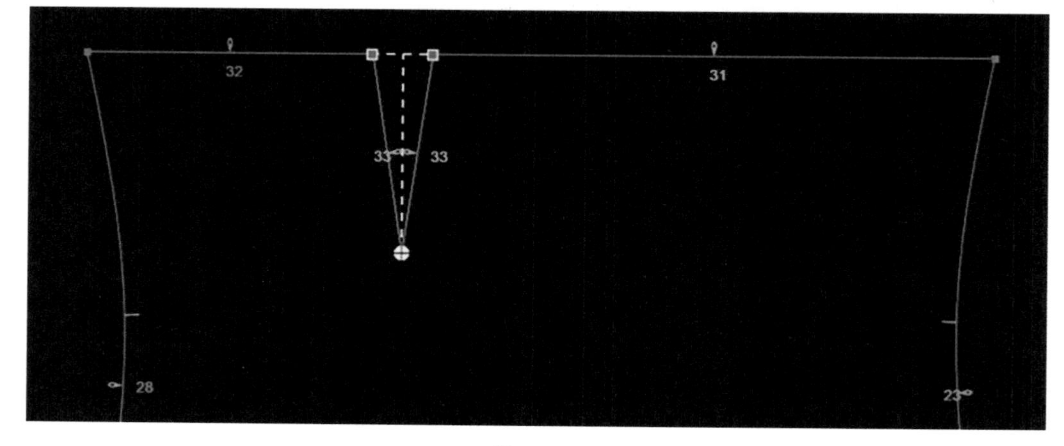

图2-5-60

（2）编辑省：点击“ ”并在子菜单中选择“ 编辑点 ”，点击需要编辑的省，在右侧相关视图中可对省进行精确编辑，如图2–5–61所示。

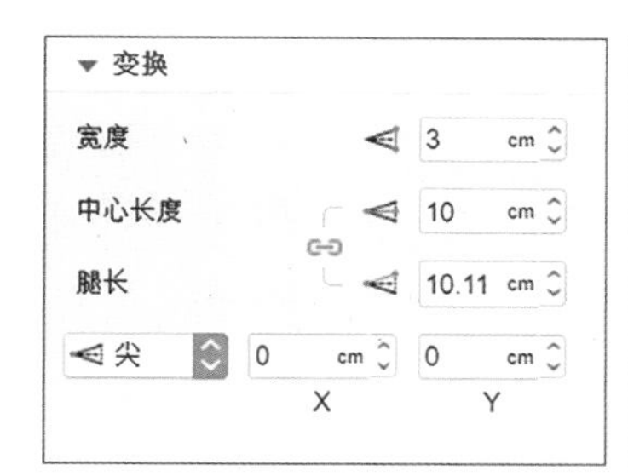

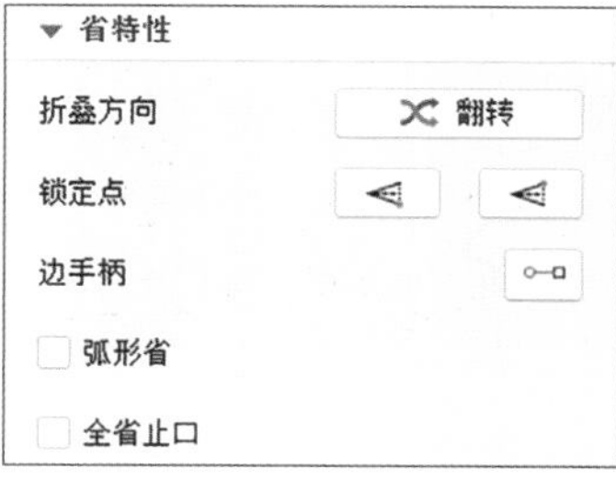

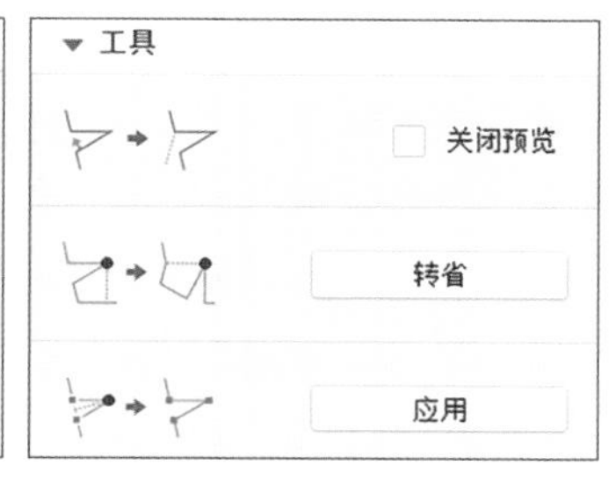

图2–5–61

①宽度：输入数值以修改省的宽度。

②中心长度：输入数值以修改省中心线长度。

③腿长（省边长）：输入数值以修改省边长度。注意，此数值与省“中心长度”相关联，更改后，“中心长度”会同步更改。

④点（省尖点、左边点、右边点）：在下拉菜单中选择需要移动的点，在“*X*”和“*Y*”对话框中输入需要移动的数值并点击键盘“Enter”确认，即可进行精确移动。

⑤折叠方向：点击可翻转折叠方向，线段较粗的省边将翻折向较细的省边。

⑥锁定点：点击用以锁定省左右两边点的位置（当省尖向上时，右侧为右点，左侧为左点）。

左右均未锁定“ ”，移动省尖点，左右点位置会跟随移动，如图2–5–62所示。

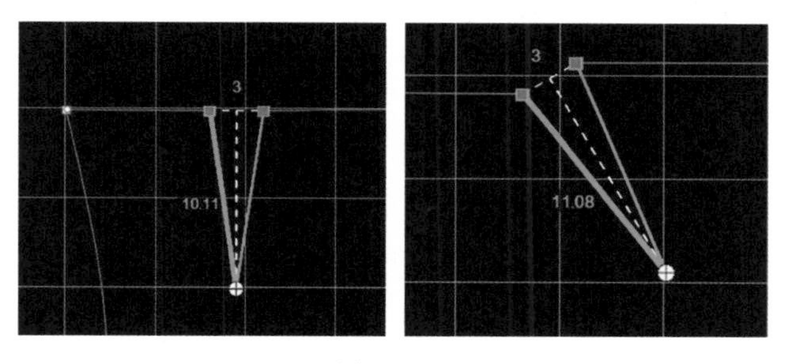

图2–5–62

锁定左点“ ”，移动省尖点，左点固定，右点跟随移动，如图2–5–63所示。

锁定右点“ ”，移动省尖点，右点固定，左点跟随移动，如图2–5–64所示。

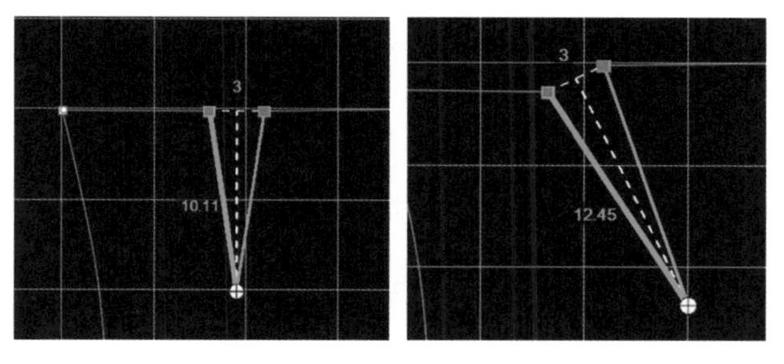

图2–5–63

⑦边手柄：启用“边手柄”后，相邻两侧边缘会出现蓝色和红色手柄，可根据需要调整边缘的形态，如图2–5–65所示。

⑧弧形省：勾选后，可用来调整省边的弧度。

选择“ ”，省两边出现手柄，拖动手柄，省两边会呈对称弯曲形态，如图2-5-66所示。

选择“ ”，拖动手柄，省两边会向相同方向弯曲，如图2-5-67所示。

全省止口：默认显示为“空省”，勾选后可切换“全省”显示，如图2-5-68所示。

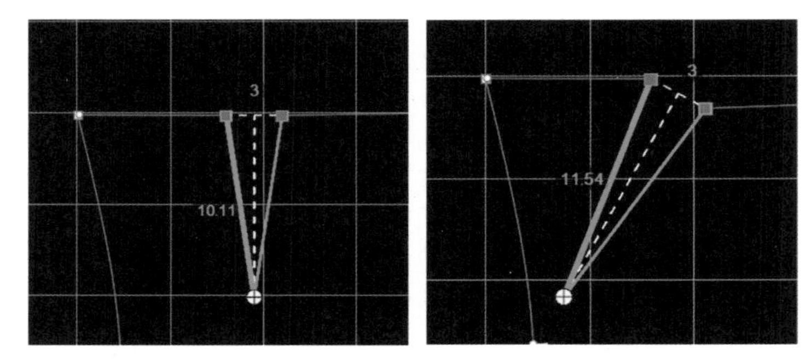

图2-5-64

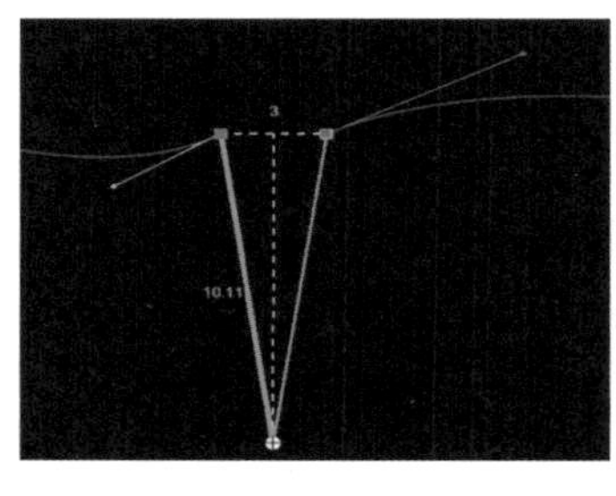

图2-5-65

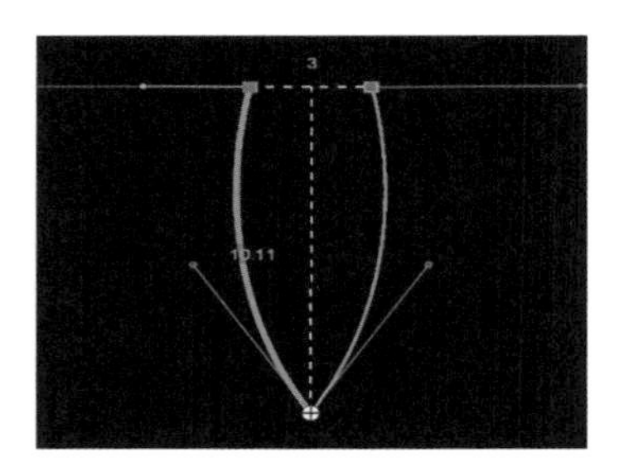

图2-5-66

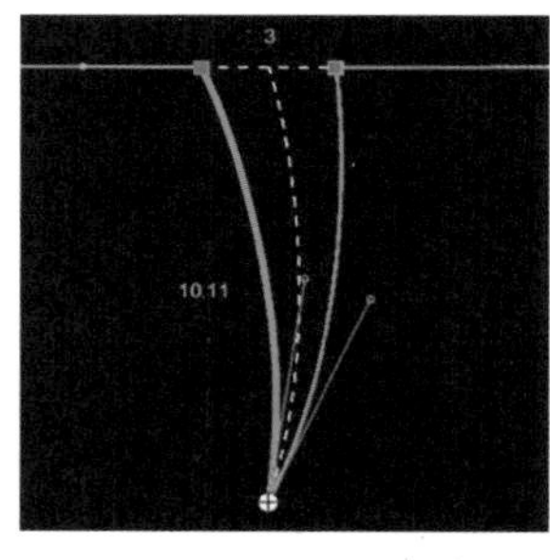

图2-5-67

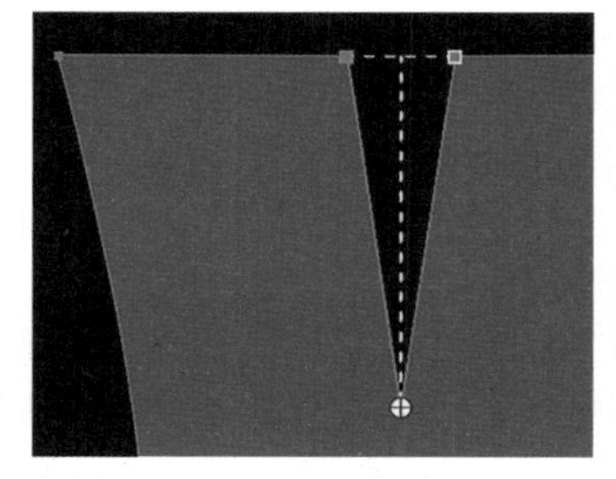

图2-5-68

⑨关闭预览：勾选后可预览省闭合后的效果。

⑩转省：点击可在同一板型内部进行转省。

选择需要进行转移的省，点击“转省”，在2D窗口，鼠标悬浮在板型上，此时会出现一条白色线段跟随鼠标移动，如图2-5-69所示。

根据需要在板型边缘点击确认转省的位置，同时将鼠标悬浮在板型上，可转移的位置会变为黄色，如图2-5-70所示。

点击确认位置后该区域会变为绿色，此时省尖处会出现圆形坐标轴，如图2-5-71所示。

鼠标点击“ ”黑色圆点并拖动，将省转移到对应的位置即可（如需要取消转省则点击“取消”或键盘“Esc”键），待确认无误后点击“完成”，如图2-5-72所示。

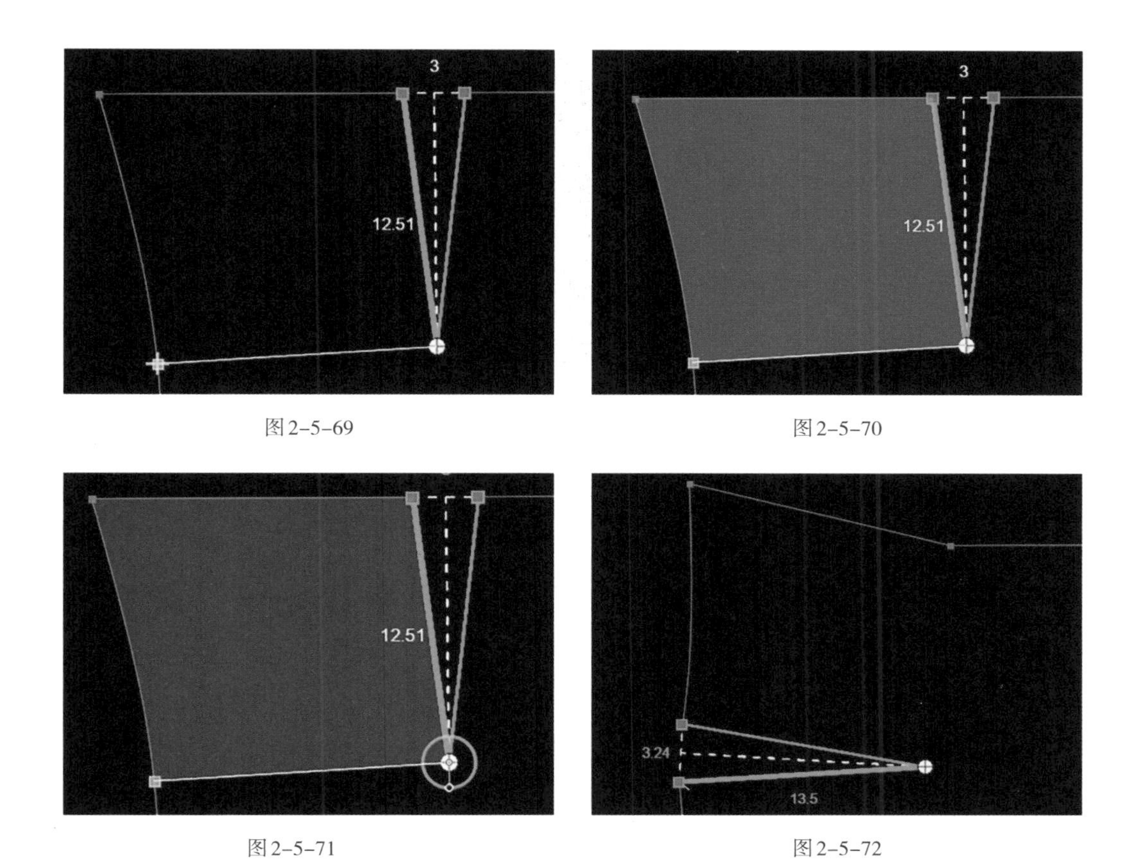

图2-5-69

图2-5-70

图2-5-71

图2-5-72

⑪应用：点击后可对省自由修改。

如果需要对已经应用的省进行再次编辑，需要使用“选择”并点击“编辑点”，同时选中省的两条边缘线，在右侧的相关视图中点击“转为省”，即可进行相关编辑。

（三）菱形省

（1）添加菱形省：点击“插入”，在子菜单栏中选择“菱形省”。在板型内部点击并拖动，即可生成菱形省，省默认自动缝合，如图2-5-73所示。

（2）编辑菱形省：点击“选择”并选择“编辑点”，点击需要编辑的菱形省。

点击省并拖动，可进行移动。

点击省后出现控件“ ”，点击方向箭头并拖动可等比放大缩小；点击“ ”黑色圆点并拖动可进行旋转。

点击“ ”蓝色点并拖动可改变省上下的长度。

点击“ ”并左右拖动可改变省的宽度。

在右侧的相关视图中可对菱形省数值进行精确的编辑，如图2-5-74所示。

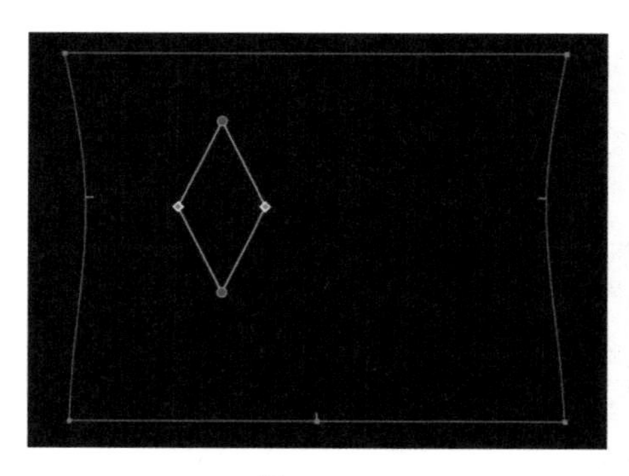

图2-5-73

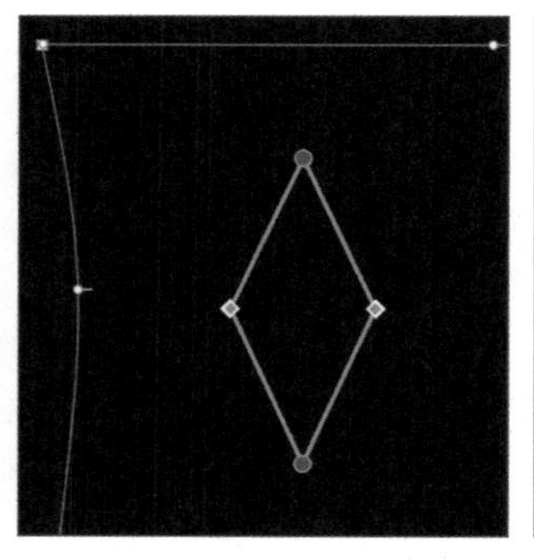

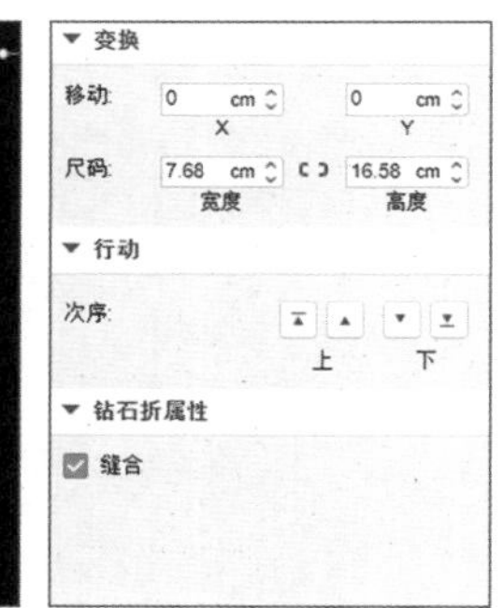

图2-5-74

七、钢丝

使用钢丝功能可以将钢丝的物理性质添加给服装，从而达到想要的效果。多用于内衣、泳衣等服装制作。

（1）在主工具栏中点击“”，然后在下拉菜单中点击“钢丝”。

（2）在弹出的“钢丝设置”对话框中选择需要用到的钢丝，对话框右侧可以看到对应钢丝的尺码范围和预览图像，确认后点击“创造”，如图2-5-75所示。

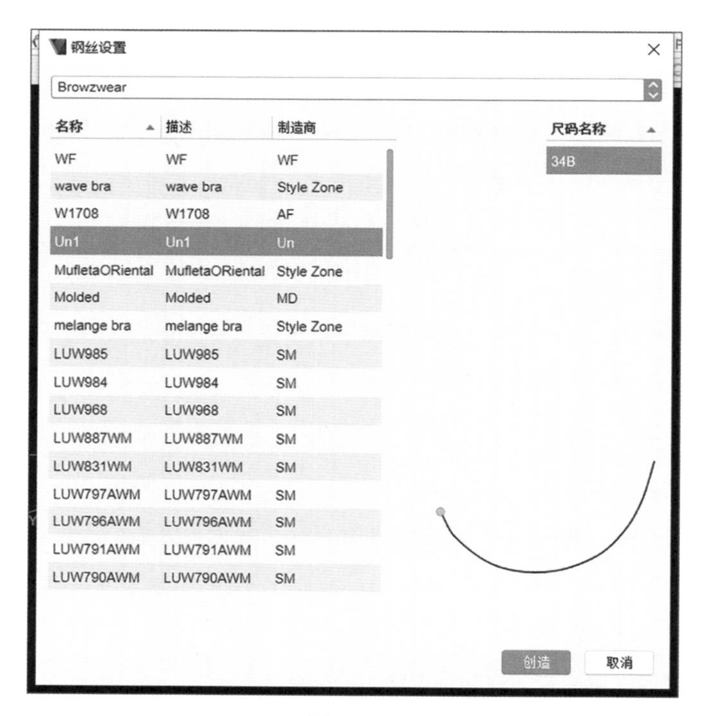

图2-5-75

（3）使用“缝合”，将钢丝与对应板型边缘进行缝合，如图2-5-76所示。

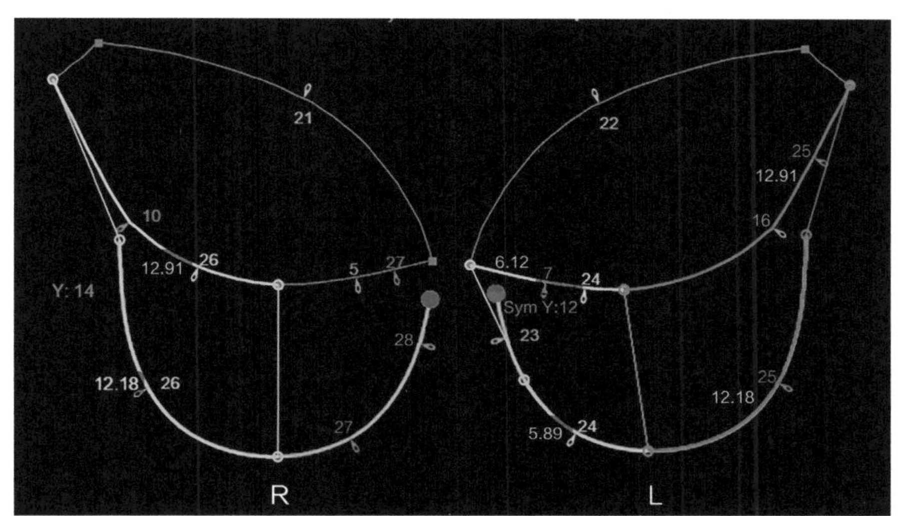

图2-5-76

（4）在2D窗口中点击“钢丝”，在右侧相关视图可对钢丝进行设置，如图2-5-77所示。

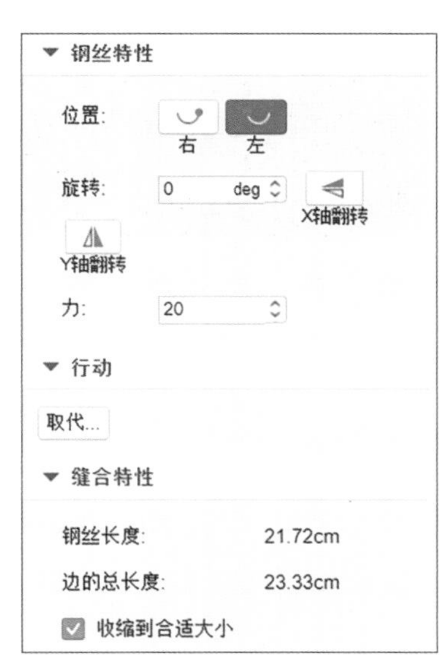

图2-5-77

①位置：提示当前选中的钢丝为左侧或右侧。

②旋转：输入数值可旋转钢丝，直接点击“X轴翻转”和“Y轴翻转”也可旋转钢丝。

③力：表示钢丝的刚性，范围在1～100，数值越大，力量越强。

④取代：点击后可弹出“钢丝设置”对话框，可以替换为其他钢丝。

⑤钢丝长度：显示钢丝的长度。

⑥边的总长度：显示与钢丝缝合的所有边缘的总长度。

⑦收缩到合适大小：此项为默认设置。

八、剪切与展开

使用剪切与展开的功能，可对板型进行精准扩展，多用于袖子或裙子等服装款式的制作。

（1）使用主工具栏中“[icon]”，在下拉菜单中点击“剪切与展开”。

（2）2D 窗口中，点击板型上边缘需要展开的起始点，会显示一条垂直的白色线段，为开始线；找到合适位置再次点击鼠标，出现另一条白色垂直线段，为结束线（如果做单一展开线，开始和结束可以在同一点上），如图2–5–78所示。

（3）此时线段将板型分为三部分，移动鼠标时，板型对应区域会出现“[icon]”，点击后将改变为“[icon]”状态，用以锁定当前区域的位置。

（4）查看右侧相关视图，可对选定区域进行剪切与展开相关操作，如图2–5–79所示。

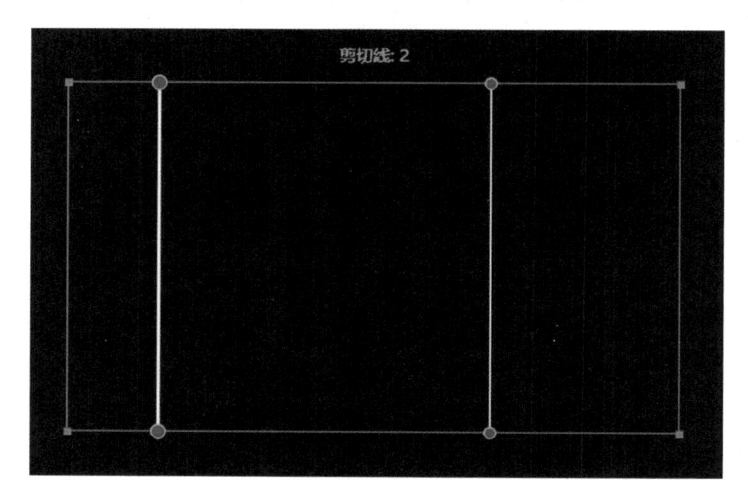

图2–5–78

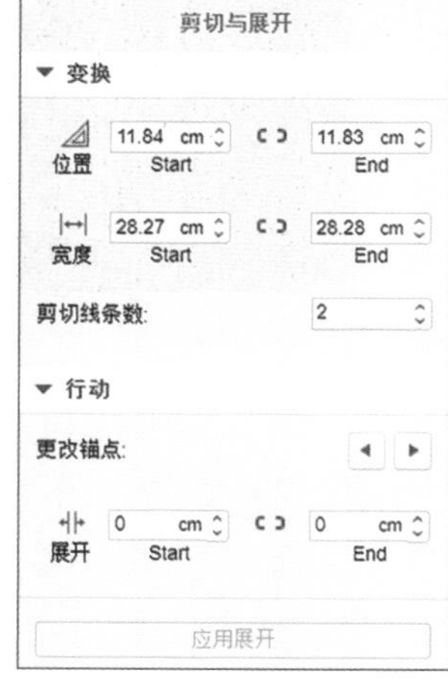

图2–5–79

①位置：开始线段上下端点距离其相交边缘的距离，如图2–5–80所示。

②宽度：开始线和结束线上、下端点之间的距离，如图2–5–80所示。

③剪切线条数：输入可修改剪切展开线段条数，如图2–5–81所示，剪切线条数为4。

④更改锚点：可用“[icon]”切换左右区域，被锁定后，线段将会往两侧展开。

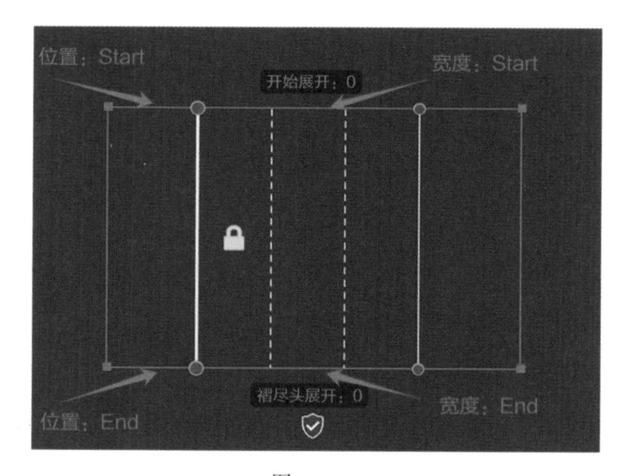

图2–5–80

⑤展开：“start”为“开始展开”数值，“end”为“结束展开”数值。点击“[icon]”改为“[icon]”，可锁定数值比例，如图2–5–81所示。

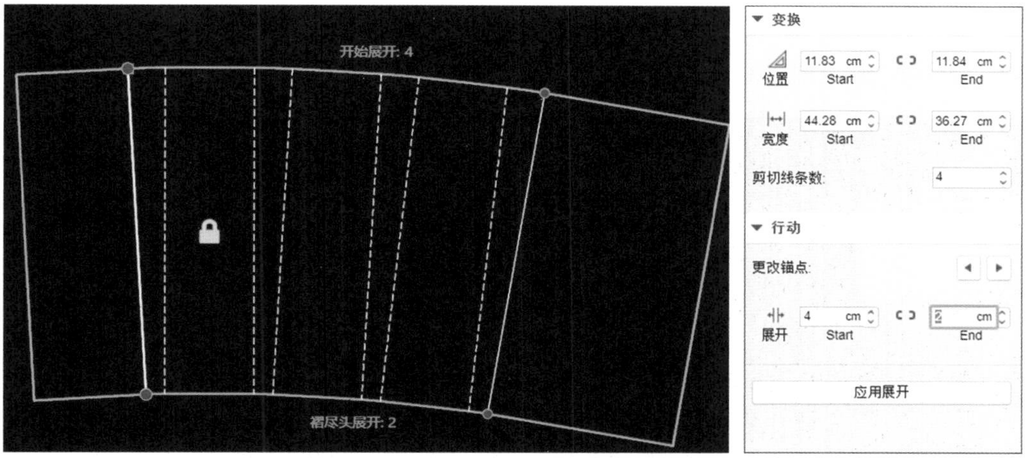

图2-5-81

⑥应用展开：点击“应用展开”或2D窗口“ ”以确认板型效果，板型将会更改，并可进行后续修改。

九、步行工具

“步行工具”可以帮助对板型进行检查和校正，避免在缝合时出现错误。

（一）开启/关闭步行工具

使用主工具栏“ ”，并点击子菜单栏“ 编辑点 ”，按住键盘“Shift”键，依次点击2片板型的2个点，在其中一个点上点击右键，并点击“步行裁片”即可开启（右键点击的板型为固定板型，另一片板型为步行板型）。此时，步行板型的点将与固定板型的点重合，如图2-5-82所示。

点击键盘“Esc”键可关闭“步行裁片”功能。

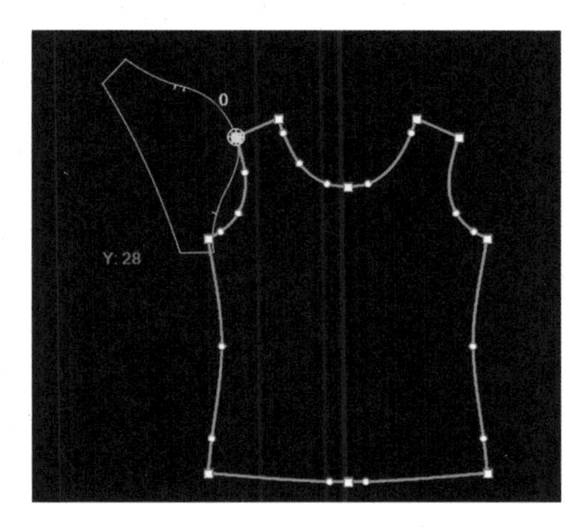

图2-5-82

（二）锁定与解锁

在开启“步行裁片”功能后，除了固定板型外的板型均被锁定，不可进行编辑。在步行裁片上点击右键并选择“解锁”，此时步行板型解锁可编辑，固定板型被锁定，如图2-5-83所示。

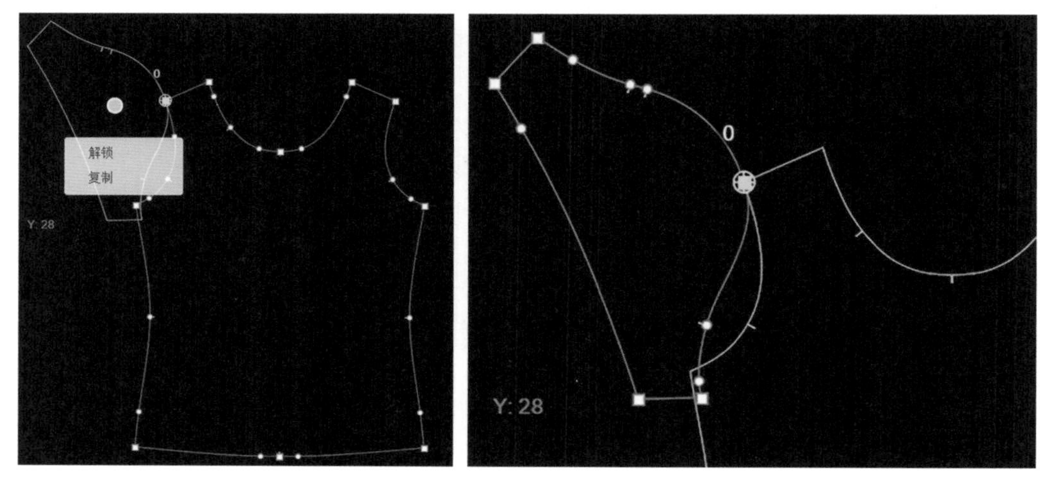

图2-5-83

（三）移动步行裁片

两片板型的交点处显示“黄色圆形控制点”，点击鼠标并拖动，步行板型可沿固定板型边缘进行移动，“控制点”在两片板型上移动的距离是相同的，如图2-5-84所示。

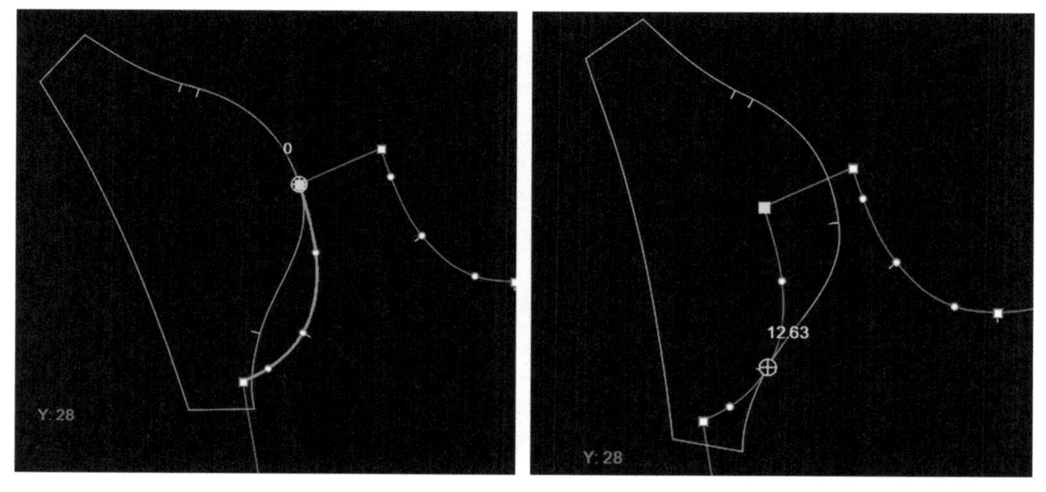

图2-5-84

（四）插入剪口

当两片板型的控制点移动到合适的位置时，在相交点处点击右键，点击“插入剪口”，可在两片板型交点处插入剪口，如图2-5-85所示。

图2-5-85

（五）镜像步行裁片

在“黄色控制点”处点击右键，并选择“镜像步行片”，步行板型会进行镜像翻转，如图2-5-86所示。

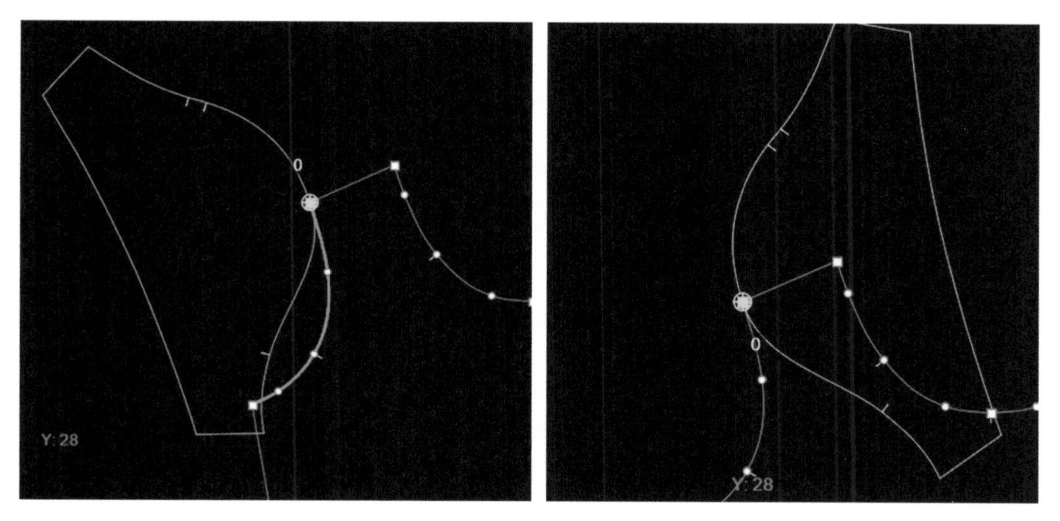

图2-5-86

（六）板型复制

当两片板型移动到合适位置时，在步行板型上点击右键，并选择复制，将在步行板型旁边以同样角度复制一个新板型。在退出步行功能后，新板型和角度也将保留，如图2-5-87所示。

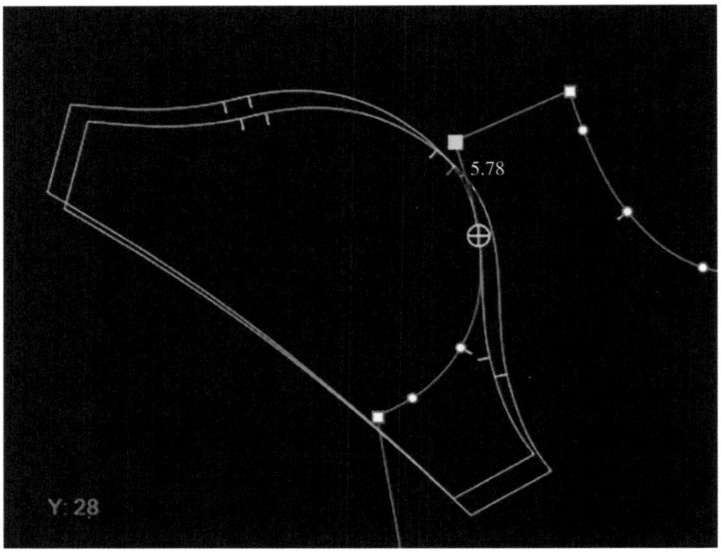

图2-5-87

十、放码与尺码

当导入基础板型后，可在软件中根据需求进行放码，以创建不同尺码的板型。可将导入的板型定为基础尺码，再由此生成其他尺码。

（一）选择当前尺码

在主工具栏中点击“”，在弹出的窗口中将显示现有尺码，并可点击选择其他尺码，如图2-5-88所示。

图2-5-88

（二）添加尺码

在主菜单栏中点击“工具”，并选择“尺码和放码”，右侧相关视图将显示“尺码和放码”功能，如图2-5-89所示。

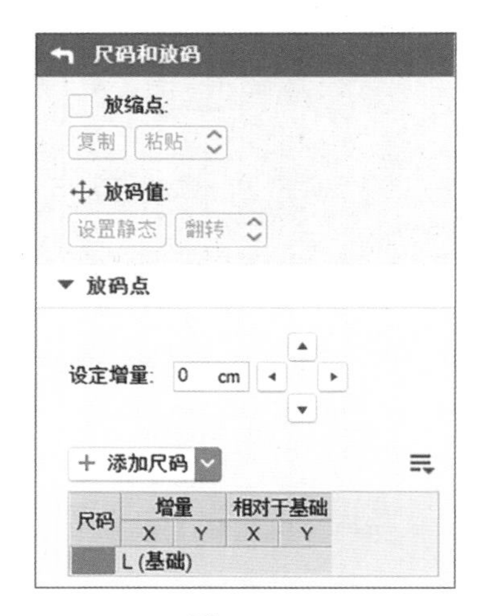

图2-5-89

（三）添加/编辑尺码

（1）点击“添加尺码”，添加一个最大的和最小的尺码，双击尺码名称可重命名，如图2-5-90所示。

（2）点击板型上的点（按键盘“Shift”键可多选），在右侧行相关视图“设定增量”中输入放码数值，通过点击“ ”箭头来进行点放码，如图2-5-91所示。

（3）板型上默认白色角点均为放码点，也可以通过点击圆形点并将其设置为放码点。点击圆形点（按键盘“Shift”键可多选），勾选“放码点”即可。

（4）选择已放码的点，点击“复制”可复制当前点的放码数值，再点击需要粘贴数值的点，点击“粘贴”，选择粘贴的*X*/*Y*数值。

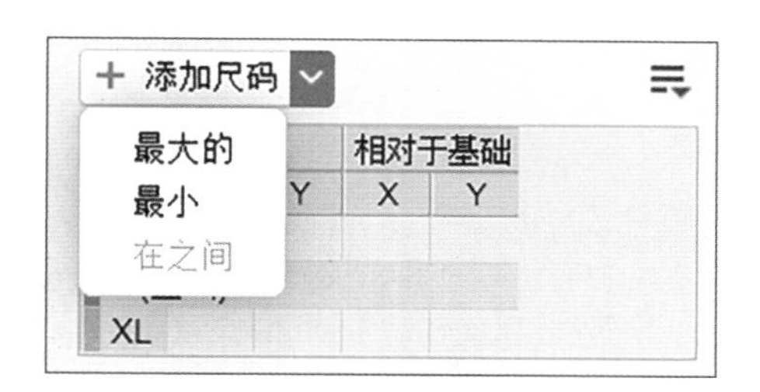

图2-5-90

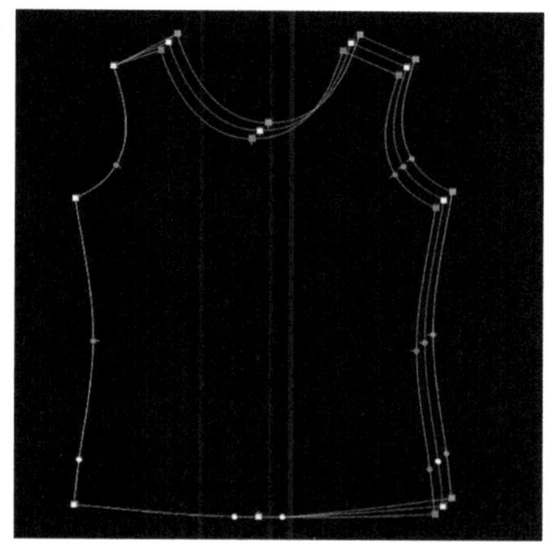

图2-5-91

（四）删除尺码

点击需要删除的尺码，在“ ”下拉菜单中选择“删除尺码”。

第六节 材质

一、面料

（一）查看面料

点击“材质”→“衣服”，在“布料”标签下可以看到当前文件中的所有面料，如图2-6-1所示。

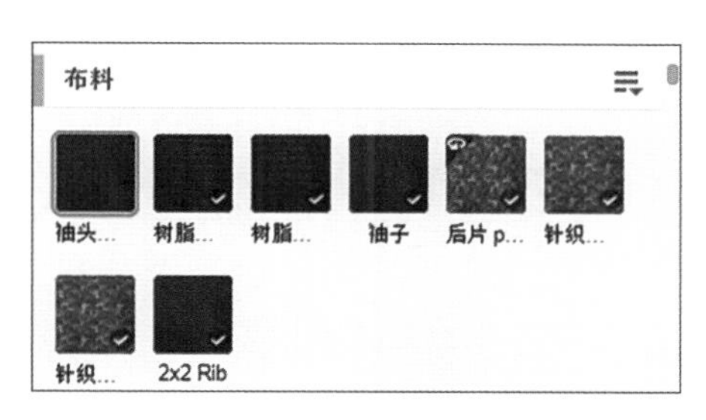

图2-6-1

（二）添加/删除面料

（1）添加面料：点击“布料”后的“ ”，在下拉菜单中选择“添加布料”，在弹出的对话框中选择需要添加的面料文件（格式一般为：U3M/JPEG/PNG/TIF等），然后点击“打开”，如图2-6-2所示。添加后的文件将显示在“布料”一栏中，此时面料显示为未添加状态。

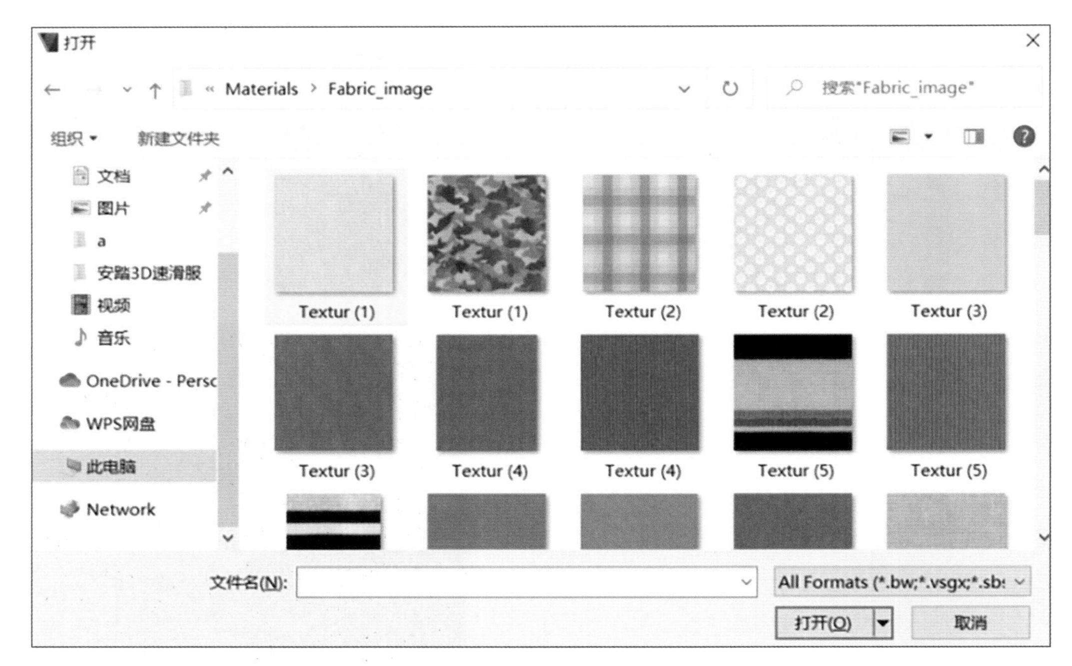

图2-6-2

（2）删除面料：

①删除面料：鼠标放在需要删除的面料上，当缩略图显示为"■"，点击面料左上角的"×"即可从文件中删除。

②删除已使用面料：如果要删除已使用的面料，需要先用其他面料替换下当前面料，再进行删除。

③删除全部未使用面料：点击布料栏后的"≡"，在下拉菜单中选择"删除未使用布料"，可一次性删除所有在文件中未使用的面料。

（三）指定面料

方法一：在主工具栏中点击"■"，点击需要添加的面料，鼠标直接在需要添加面料的板型内部（或3D服装上）点击即可。

方法二：在主工具栏中点击"■"，鼠标点击并拖动面料到需要的板型内部（或3D服装上）即可。

（四）编辑面料

（1）名称：鼠标放在面料上，点击左下角"≡"，在下拉菜中选择"重命名"，在弹出的对话框中修改面料名称，点击"完成"，如图2-6-3所示。

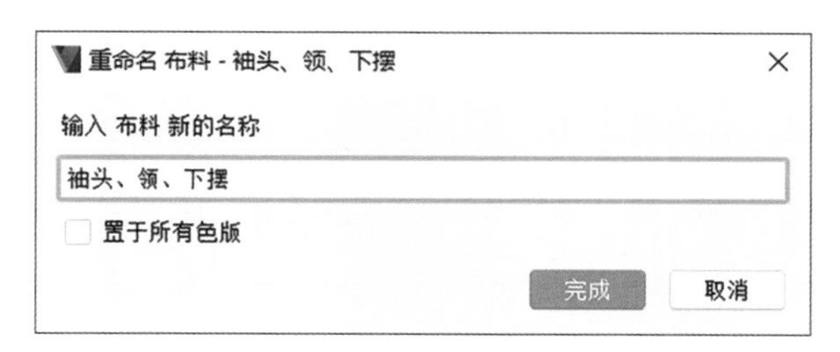

图2-6-3

（2）颜色：在面料缩略图“■”中点击左侧“■”，可快速打开面料“颜色编辑器”，直接在选择器中选取需要的颜色、使用颜色库中的颜色或通过输入对应的RGB值来精确定义颜色，如图2-6-4所示。

（3）材质：点击面料缩略图，在右侧相关视图中可对面料的材质进行编辑。

表面/背面：面料的表面和背面可以独立进行编辑，相互间不会产生影响；点击“表面/背面”图标即可切换，“⟩⟨”可同步表面到背面，反之亦然，如图2-6-5所示。

漫反射：点击漫反射图像“■ 针织.png”，可以在弹出的窗口中编辑材质图像，如图2-6-6所示。

①编辑：可关联外部的软件（例如Photoshop、Illustrator等），将文件带入外部软件进行编辑或修改。

②宽度/高度：修改面料显示的高度和宽度。默认高度和宽度相互关联，可点击“⊖”解锁。

③分辨率：图像分辨率，与图像宽度、高度数值相关联。

④修剪：通过输入数值或直

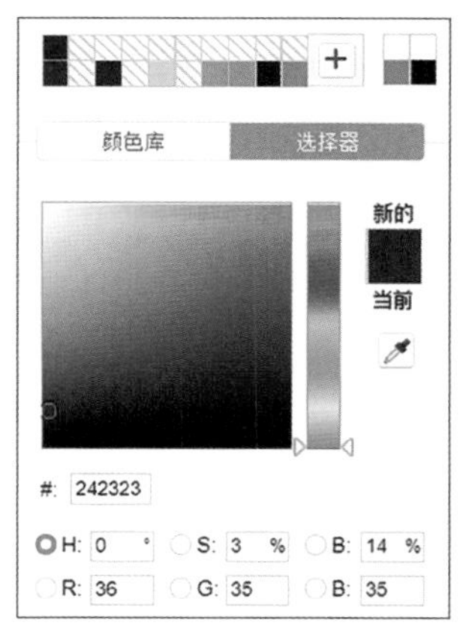

图2-6-4

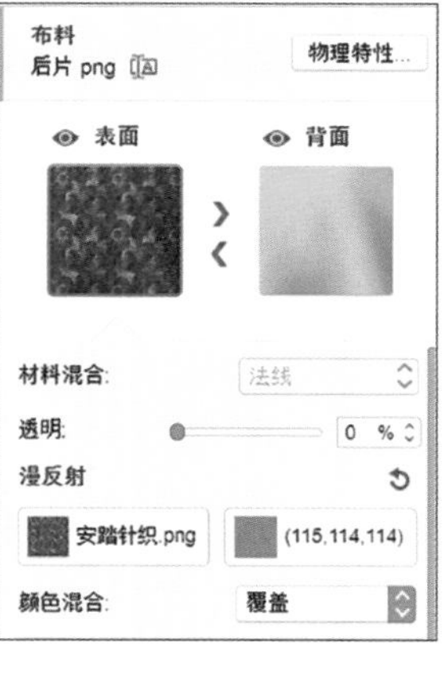

图2-6-5

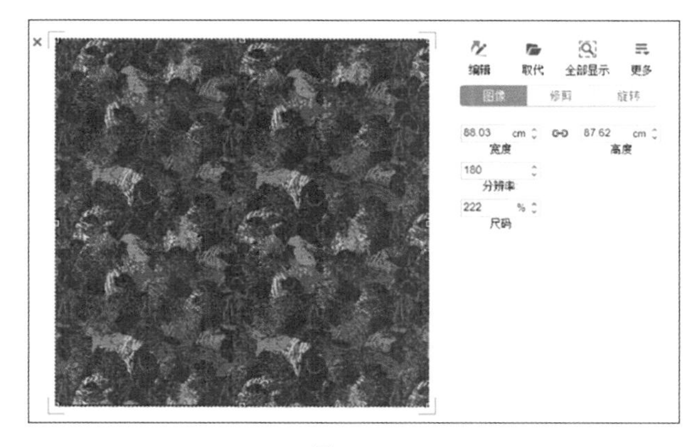

图2-6-6

接用鼠标拖动虚线框，在预览窗口显示的范围内修改面料。

⑤旋转：通过输入数值旋转面料。

⑥取代：点击后，在弹出的对话框中可替换面料效果图片。

⑦全部显示：使图像全部显示在预览窗口。

⑧更多：可对图像进行更多修改操作，如图2-6-7所示。

图2-6-7

预览透明度：选择后可显示图像透明区域。

水平翻转：将图像进行水平翻转。

垂直翻转：将图像进行垂直翻转。

普通拼接：显示图像平铺效果。

自动调整大小：当前图像尺寸的平铺效果。

镜像拼接：点击后选择X轴或Y轴图像平铺效果。

MipMap：降低莫尔条纹效果，默认选项，建议保留。

恢复：恢复面料到原有效果。

重新命名：面料重命名。

（4）复制面料：在面料缩略图“ ”中点击左下角“ ”，在下拉菜单中选择“复制面料”，将在布料栏最后处生成当前面料的复制面料，其状态为未使用的面料，如图2-6-8所示。

（5）面料特性：点击面料缩略图，在右侧相关视图中将显示所有面料特性，如图2-6-9所示。

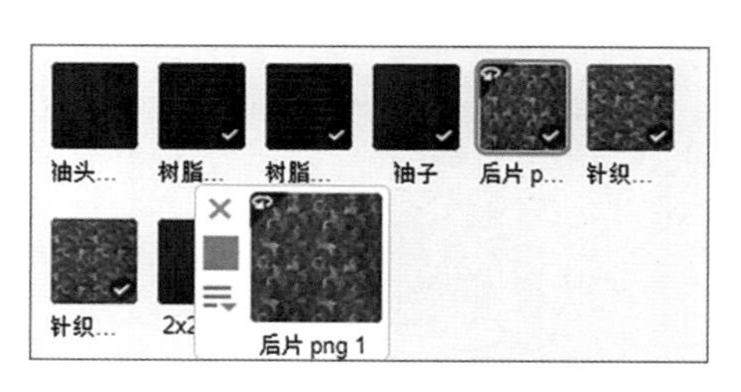

图2-6-8

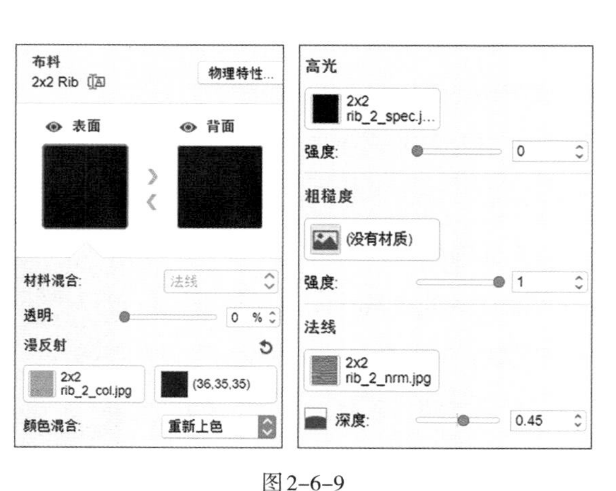

图2-6-9

①面料名称：点击“ ”可对面料重命名。

②物理特性：点击后显示面料物理特性，如图2–6–10所示。

质量：面料的重量，平方米克重。

摩擦力：面料在人台上的摩擦力，数值越小摩擦力越小，默认为0.2。

厚度：面料的厚度。

弯曲：面料的弯曲性能，数值越小面料越易弯曲，越柔软；反之越硬。

拉伸：面料的拉伸性能，将面料拉伸到2倍长度时所需要的拉力。数值越小，拉伸的长度越长；反之，数值越大，拉伸长度越短。

拉伸线性度：当面料拉伸到一定程度时，再往后会越难拉伸。数值越大，表示面料可以拉伸得越长，反之数值越小，面料可以拉伸得越短。

斜向深度：斜向45°拉伸面料所需的力，数值越小越容易拉伸，越大越不容易拉伸。

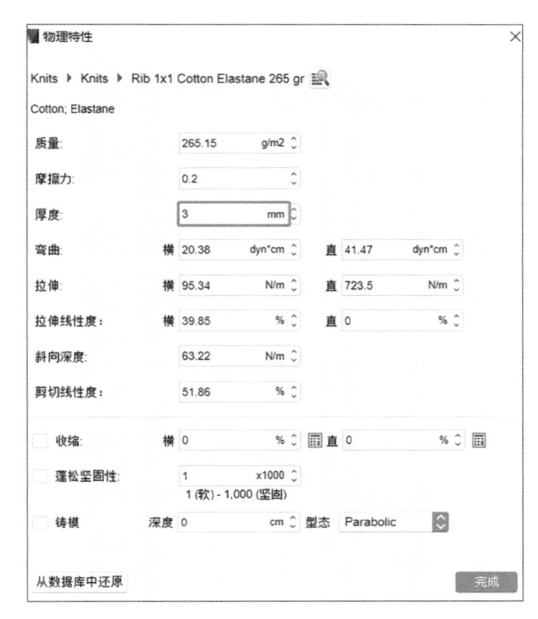

图2–6–10

剪切线性度：同拉伸线性度。

收缩：面料向内收缩或向外扩展的程度；向内为正数，向外为负数。

蓬松坚固性：面料的蓬松性。应用于模拟羽绒服、棉服等款式。

铸模：增加面料的坚固性，使面料能够保持形态，多用于内衣等款式的制作。

从数据库中还原：点击后将还原当前面料的原始物理特性数值。

点击“ ”图，可替换不同种类的面料物理属性，应用于不同款式及面料的3D服装模拟。在列表中需依次选择公司名称、面料种类、面料名称，然后点击“完成”，如图2–6–11所示。

图2–6–11

③面料表面/背面：点击以显示面料表面与背面。表面与背面可独立编辑，当两面不同时，中间的“⸾”图标将启用。“👁”图标可用于显示表面与背面的图像，点击后将隐藏2D与3D界面中的显示。

④材料混合：面料为群组时将开启该功能。当多层面料群组时，材料混合模式将决定多层材质将以何种方式进行相互混合叠加。

法线：当上层材质设置了透明度时，将会显示出下层材质的影像。

覆盖：用上层材质颜色替换下层材质颜色的中灰色，得到的混合材质颜色会较浅。

多层：不同材质影像颜色相互混合，得到的混合材质颜色会较深。

⑤透明度：设置材质的透明度。

⑥漫反射：当材质平放时所显示的外观贴图效果。包括材质贴图“2x2 rib_2_col.jpg”和颜色“(36,35,35)”。点击可分别打开“图像编辑器”和“颜色编辑器”。

⑦颜色混合：可选择颜色模式有覆盖、多层、重新上色。

⑧高光：材质的光泽度贴图，表示材质的反光程度。

缩略图：点击可添加高光贴图并进行编辑。

强度：点击输入（0～10）数值，可设置材质反光强度。

⑨粗糙：表示材质表面的粗糙程度。

缩略图：点击可添加粗糙贴图并编辑。

强度：点击输入（0～1）数值，可设置材质粗糙程度。当设置了高光数值，粗糙数值越小，材质反光效果越明显。

⑩法线：材质表面的凹凸贴图，可提升材质肌理的真实度。

缩略图：点击可添加法线贴图并编辑。

深度：点击输入（–3～3）数值，可设置材质向内或向外凹凸程度。

⑪位移：材质厚度贴图，可提升3D模拟的立体及真实效果，仅限于“光线跟踪渲染”。

缩略图：点击可添加位移贴图并编辑。

深度：点击输入（0～3）数值，可设置材质深度。

⑫高级选项：点击可设置其他材质特性，如图2-6-12所示。

图2-6-12

金属性贴图：表示材质金属质感的贴图。贴图颜色为黑色时强度最小，为白色时强度最大；点击可输入强度数值0～1。

高光色调：设置材质高光色调，强度数值可输入0～1。

光泽：设置材质光泽度，类似天鹅绒般效果，强度数值可输入0～1。

光泽色调：设置材质的反光效果，强度数值可输入0～1。

表面下：用于材质内部的漫反射效果，可添加漫反射贴图并设置颜色。强度数值可输入0～1。

透明图层：用于表现材质光泽度，多用于有光泽的3D辅料，强度数值可输入0～1。

透明图层粗糙度：用于表现透明图层的粗糙度，效果不明显，强度数值可输入0～1。

⑬信息：点击可在文本框中输入款式其他相关信息。

⑭毛皮：勾选“使用毛皮”可开启毛皮特性，选择不同的毛皮种类效果，并使用“V-Ray”渲染器查看效果，如图2-6-13所示。

长度：毛皮的长度。

厚度：毛皮的厚度。

重力：每股毛皮的竖直程度，0表示为毛与面料之间是垂直的。

弯曲：毛皮的弯曲程度。

尖锐度：毛皮的尖锐度，1表示尖点，0表示没有。

密度：表示毛皮的密集程度。

卷曲：表示每股毛皮的卷曲程度，可设置其卷曲半径和角度。

变化：在上述默认设置的基础上进一步更改其长度、厚度、重力、卷曲半径和方向。0表示无变化，1为最大变化。

高光：可设置毛皮的高光颜色、比例和展开数值。

不同种类毛皮渲染效果案例（V-Ray渲染效果）如图2-6-14所示。

（6）面料群组：是将多块面料进行组合，从而创建不同的面

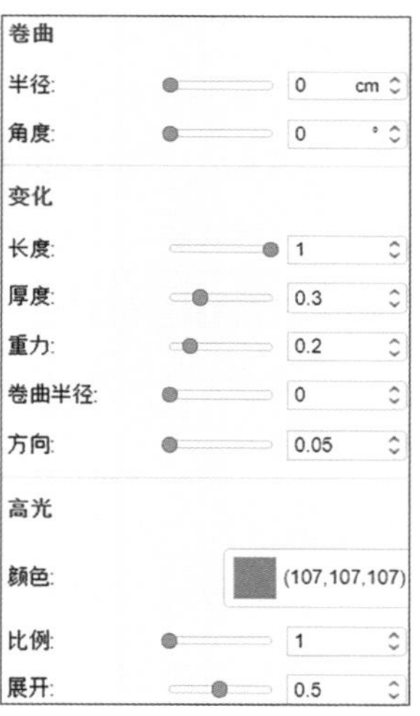

图2-6-13

图2-6-14

料效果。

①在“材质”→“布料”标签下添加需要群组的面料，如图2-6-15所示。

②点击一块面料并拖动到另一块面料上方显示的“”群组选项中，此时面料群组效果如下图2-6-16所示（如需多种面料可继续上述步骤的操作）。

图2-6-15

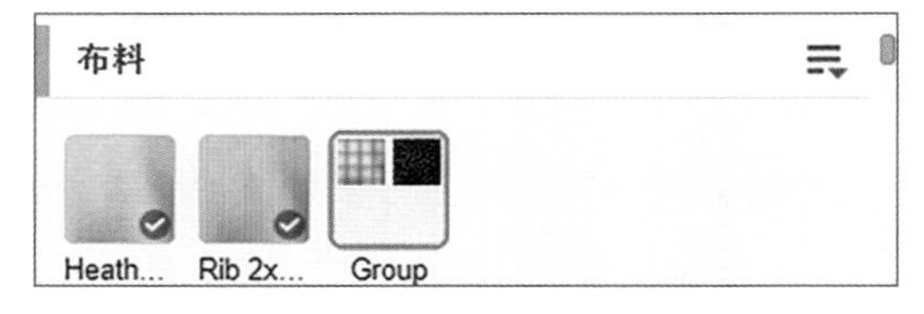

图2-6-16

③点击群组面料，右侧相关视图将跳转到群组材质编辑界面，如图2-6-17所示。

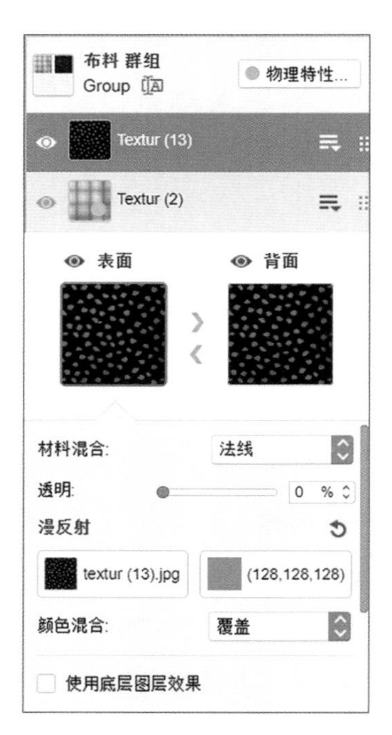

图2-6-17

更改面料叠加顺序：在群组中，最上方的面料显示在最上层，然后依次向下。可以通过点击并拖动面料，调整面料显示的叠加效果。

使用不同面料物理特性：在群组面料中，只可以选择一种面料的物理特性为群组面料的物理特性。缩略图显示有黄色圆点的为使用物理特性的面料。可以通过点击面料右侧的“”，在下拉菜单中选择“使用物理特性”来更换，如图2-6-18所示。

全件印花效果设置：点击“”并选择“全件印花”，面料将使用全件印花效果，并在工艺包创建时渲染成全件印花的效果。

从群组中删除/复制/隐藏面料：删除：选择需要删除的面料，点击“”并选择“删除”。复制：选择需要复制的面料，点击“”并选择“复制布料”。隐藏：点击每块面料前的“”即可进行隐藏或显示设置。

面料重命名：点击面料后的“”，选择“重命名”即可。

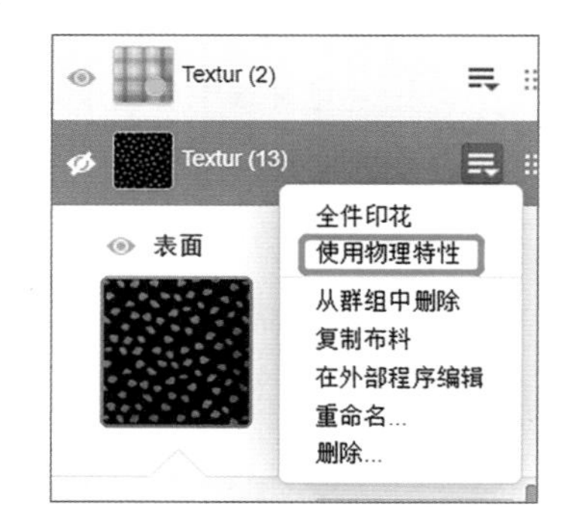

图2-6-18

二、缝线

（一）查看缝线

点击“材质”，选择“衣服”，在“缝线”标签下可以看到当前文件中添加的所有缝线，如图2-6-19所示。

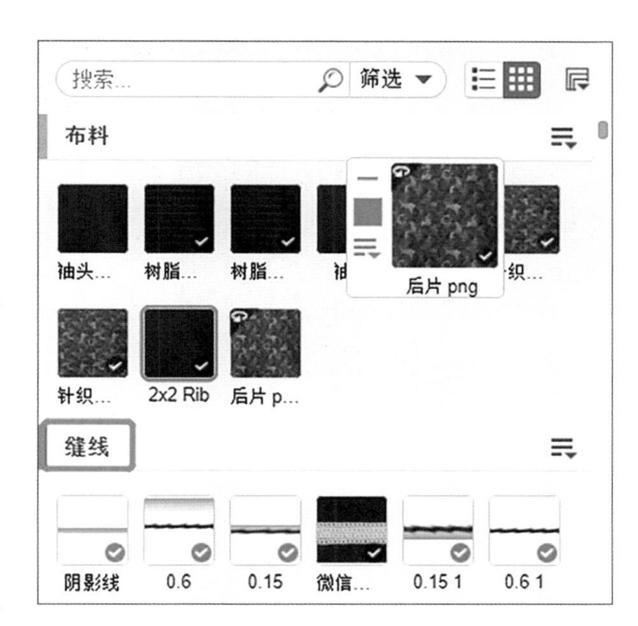

图2-6-19

（二）添加/删除缝线

（1）添加：点击“缝线”右侧的“≡”，在下拉菜单中选择需要添加的缝线种类。

可选择“添加缝线”，在弹出的对话框中直接点击以选择需要添加的缝线，然后点击“打开”，如图2-6-20所示。

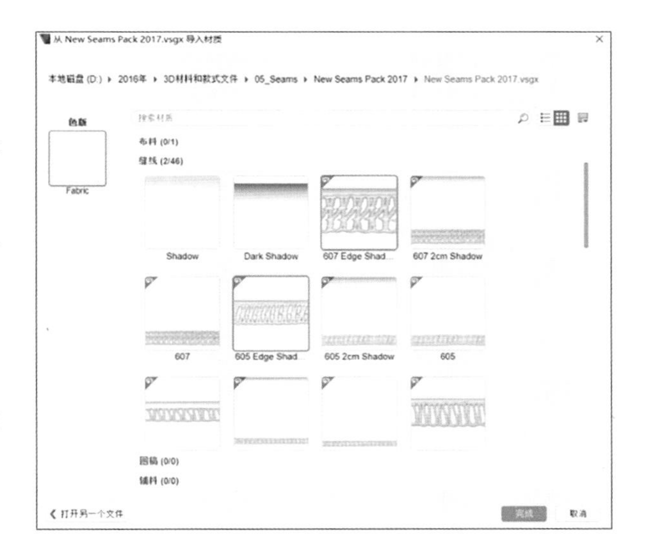

图2-6-20

在下拉菜单中点击已有的缝线种类，例如“新单针”，将在文件中直接生成单线文件，如图2-6-21所示。

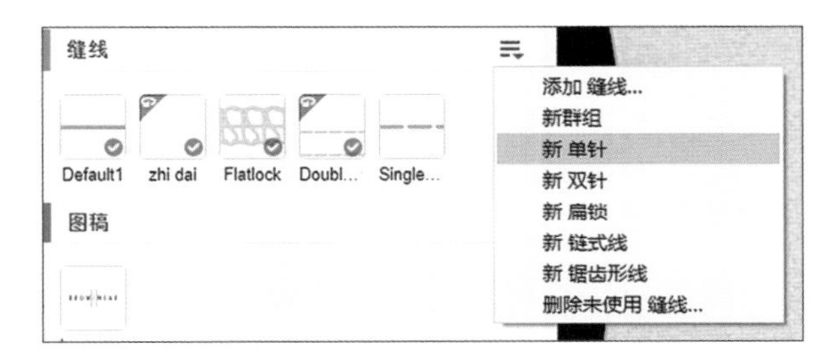

图2-6-21

（2）删除缝线：鼠标悬浮在缝线缩略图上，当左上角图标显示为“—”时，表示缝线正在使用。如需删除该缝线，点击“—”变为“×”，然后再次点击“×”即可删除缝线。

（三）在板型上指定/移除缝线

（1）指定：使用主工具栏中“ ”，选择需要添加的缝线，在板型的边缘或内部线上点击即可添加，如图2-6-22所示。

（2）移除：在2D板型或3D服装上，右键点击板型边缘线或内部线，在出现的菜单中点击“删除缝线”即可，如图2-6-23所示。

图2-6-22

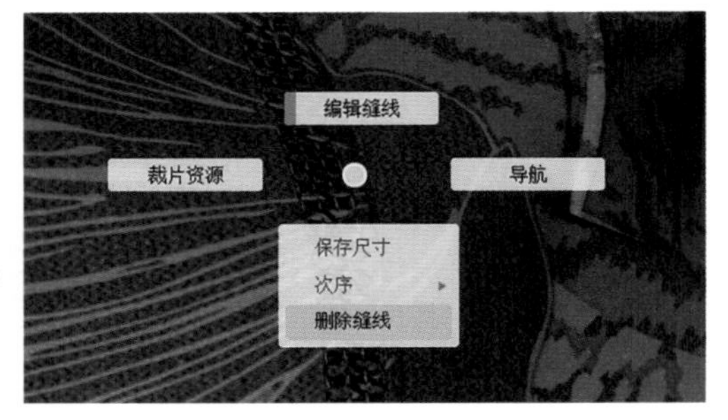

图2-6-23

（四）编辑缝线

鼠标点击缝线缩略图，在右侧相关视图中可查看和编辑缝线特性，如图2-6-24所示。

（1）重命名：点击“”可对缝线重命名。

（2）表面/背面：点击“表面”和“背面”可分别对缝线表面和背面的效果进行编辑。

（3）颜色：点击“■”，弹出颜色编辑器，进行颜色设置。

（4）材料混合：设置缝线与下方材料的颜色混合模式，同面料“材料混合”。

（5）透明：设置缝线透明度。

（6）缝合线特性：包含了对缝线偏移、针行数、距离的设定，如图2-6-25所示。

距离：行针的间距，范围在1～10。

偏移：缝线与板型边缘的距离。

针行数：针行数，如图2-6-25所示，针行数为2。

（7）针线特性：包括长度、宽度、空隙、厚度等设置。

长度：默认为每英寸的针数，也可选择每厘米针数或每针厘米。

宽度：缝线材质图像的宽度。长宽数值默认不锁定，可点击“ꞓ ɔ”进行锁定。

图2-6-24

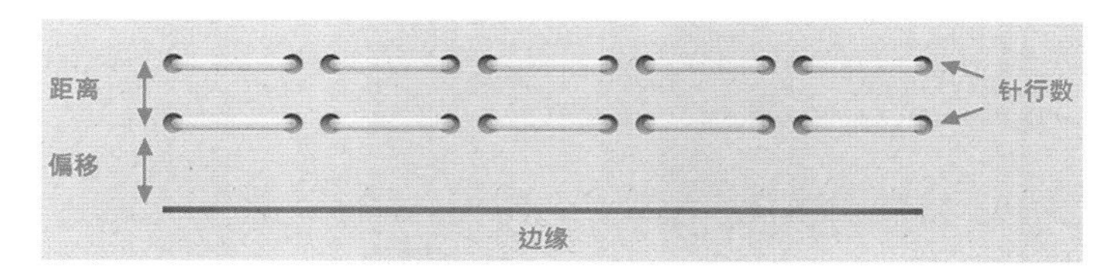

图2-6-25

空隙：每针之间的间隙，最小数值可为0。

厚度：针线的厚度。

3D厚度：旧版软件的缝线特性。

其余功能及操作同面料编辑。

三、图稿

（一）查看图稿

点击“材质”→“衣服”，在“图稿”标签下可以看到当前文件中添加的所有图稿，如图2-6-26所示。

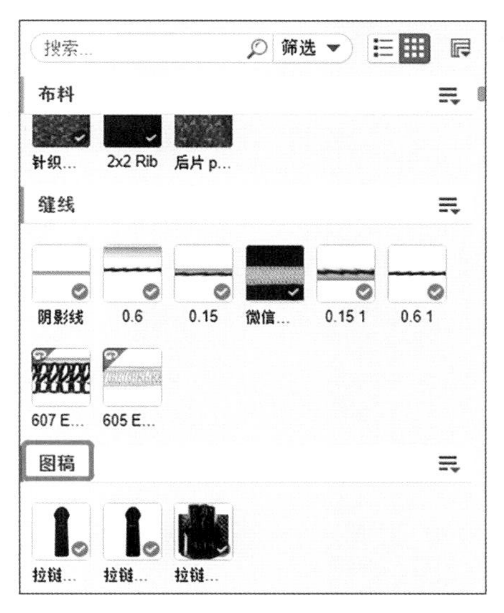

图2-6-26

（二）添加/删除图稿

（1）添加：点击“图稿”右侧的“☰”，在下拉菜单中点击“添加图稿”，在弹出的对话框中选择需要添加的图案文件，然后点击“打开”，如图2-6-27所示。

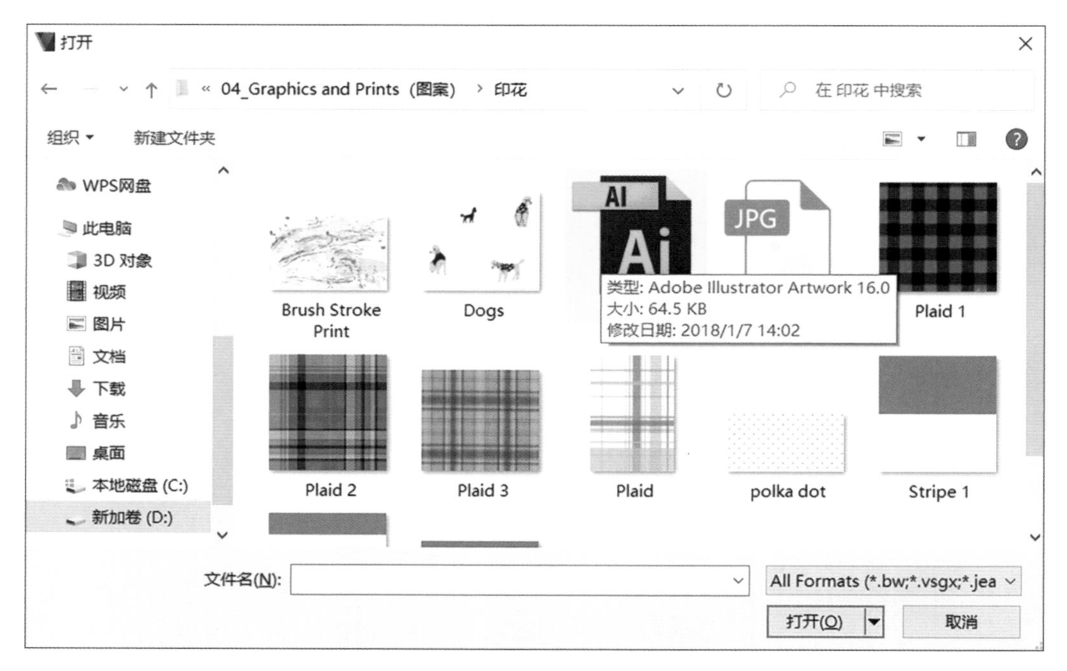

图 2-6-27

（2）删除：鼠标悬浮在图稿缩略图上，当左上角图标显示为“－”时，表示图稿正在使用。如需删除该图稿，点击“－”变为“×”，然后再次点击“×”即可删除图稿。

（三）指定/移除图稿

（1）指定：使用主工具栏中“ ”，选择需要添加的图稿，直接在板型内部点击，即可添加，如图 2-6-28 所示。

（2）移除：使用“ ”，点击板型上需要删除的图稿，使用键盘“delete”键即可删除。

图 2-6-28

（四）编辑图稿

（1）移动、调整大小、旋转：使用“ ”，点击板型上的图稿。

移动：点击并拖动可移动图稿。

调整大小：点击图稿，出现“ ”，按住四角其中一个箭头并向斜上或斜下方拖动可将图稿等比放大或缩小。

旋转：点击图稿，出现“ ”，点击并拖动黑色圆点可旋转图稿，按住键盘“Shift”键，可进行 45° 旋转。

（2）图稿特性：点击图稿“缩略图”，右侧相关视图可查看、编辑图稿特性，如图2-6-29所示。

①重命名：点击“ ”修改图稿名称。

②物理特性：点击后打开图稿“物理特性”窗口，如图2-6-30所示。

图2-6-29

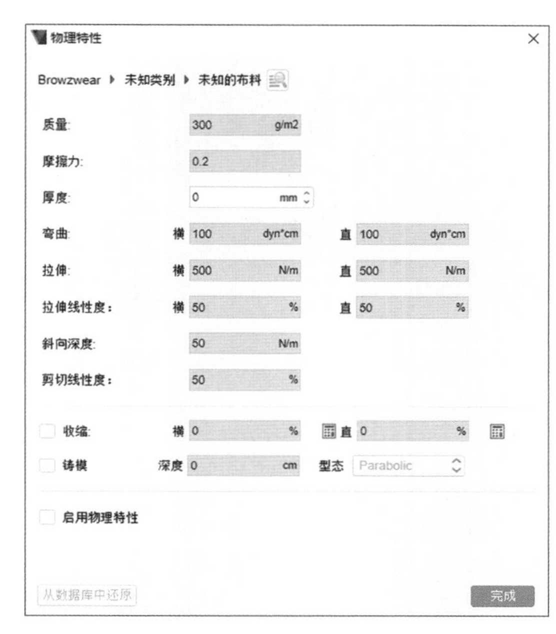

图2-6-30

图稿物理特性默认未启用，要添加物理特性，可勾选“启用物理特性”，并修改厚度或启用铸模等功能对图稿进行设置。其他相关选项可参考面料物理特性。

表面/背面：点击选择修改图稿表面或背面影像，点击“ ”可隐藏或显示。

实施图稿：默认自定义模式，点击下拉菜单可设置图稿不同的材质效果，如图2-6-31所示。

材料混合：可设置图稿与下方材质的叠放顺序及效果。

透明：设置图稿的透明度。

漫反射：可设置图稿的贴图和颜色，相关修改可参考面料漫反射。

颜色混合：可设置图稿颜色混合的模式。

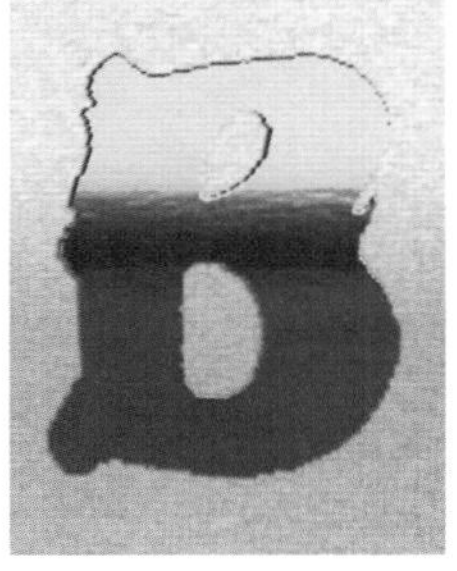

图2-6-31

隐藏背景：可隐藏图稿背景。

使用底层图层效果：选择后可使图稿拥有底层材质的肌理效果，如图2-6-32右图所示。

图2-6-32

自动生成法线/位移贴图：选择后可自动为图稿生成法线及位移贴图，增强真实效果。

（3）图稿操作：点击板型上的图稿，右侧相关视图可查看和编辑图稿，如图2-6-33所示。

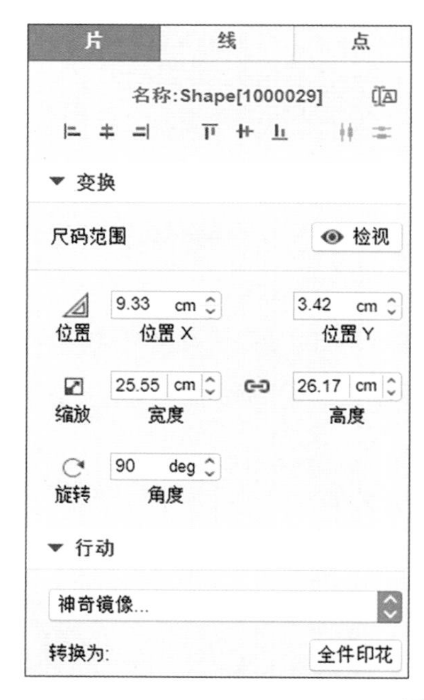

图2-6-33

①重命名：点击“ ”可修改图稿名称。

②对齐：在图标“ ”上点击可设置图稿与所在板型的对齐方式，从左到右依次是：向左对齐、水平居中对齐、向右对齐、上端对齐、垂直中间对齐、底端对

齐、水平平均分布（选中多个目标时启用）、垂直平均分布（选中多个目标时启用）。

③尺码范围：可以查看有多个尺码板型时的图稿效果。

④位置：通过输入X轴和Y轴位置，精确定位图稿。

⑤缩放：通过输入长宽精确修改图稿大小，点击“🔗”可取消长宽数值锁定。

⑥旋转：通过输入角度旋转图稿。

⑦神奇镜像：下拉菜单可点击选择对图稿进行镜像对称复制，或同方向复制。

⑧全件印花：点击可将当前板型上的图稿以满印的效果呈现，同时图稿会根据当前板型的面料材质自动生成面料组合文件。

⑨复制偏移：通过输入X/Y轴的数值来对图稿进行移动复制。

⑩次序：当有多个图稿文件重叠时，可分别设置图稿显示的上下顺序。

⑪图稿材质：点击后可编辑图稿贴图和颜色。

⑫显示在：决定图稿显示在服装表面或背面。

⑬在3D上显示：点击“👁”决定图稿在3D人台试穿中显示或隐藏。

⑭穿越：点击可使图稿跨越板型显示。

四、辅料

（一）查看辅料

点击“材质”，选择“衣服”，在“辅料”标签下可以看到当前文件中的添加所有辅料，如图2-6-34所示。

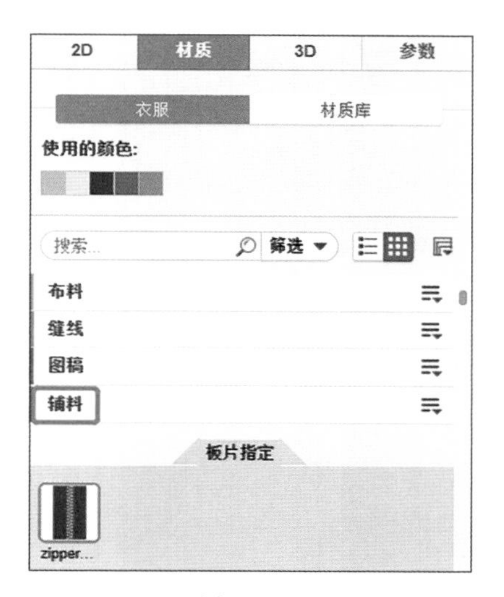

图2-6-34

（二）添加/删除辅料

（1）添加：点击“辅料”右侧的“≡”，在下拉菜单中可选择“添加版片指定辅料”或“添加边缘指定辅料”，在弹出的对话框中选择需要添加的图案文件，然后点击“打开”，如图2-6-35所示。

图2-6-35

（2）删除：鼠标悬浮在辅料缩略图上，当左上角图标显示为“－”时，表示辅料正在使用。如需删除该辅料，点击“－”变为“×”，然后再次点击“×”即可删除辅料。

（三）指定/移除辅料

（1）指定：使用主工具栏中“ ”，选择需要添加的辅料，然后点击在板型内部或边缘处。

（2）移除：在板型内部的辅料，点击选择后使用键盘“delete”键即可删除；在板型边缘的辅料，在边缘处点击鼠标右键，在菜单中点击“删除缝线”即可。

（四）编辑辅料

（1）移动：使用“ ”，点击并拖动辅料即可移动（边缘辅料不可移动）。

（2）复制：有以下三种方法可以对辅料进行复制操作。

方法一：右键点击2D窗口中的辅料，在菜单中选择“复制”。

方法二：点击辅料，使用键盘“Ctrl+C”键复制，“Ctrl+V”键粘贴。

方法三：使用“ ”，鼠标悬浮在辅料“缩略图”上，点击“ ”，在下拉菜单中选择“复制辅料”即可。

（3）辅料特性：板型辅料与边缘辅料可参考“图稿特性”。

（4）3D辅料：在制作3D服装时，可以将3D模型以辅料形式导入软件中使用，其文件格式为OBJ或FBX。

①导入：点击“添加板型指定辅料”，在弹出的对话框中选择3D辅料，点击“打开”，将出现3D物件编辑对话框，如图2-6-36所示。

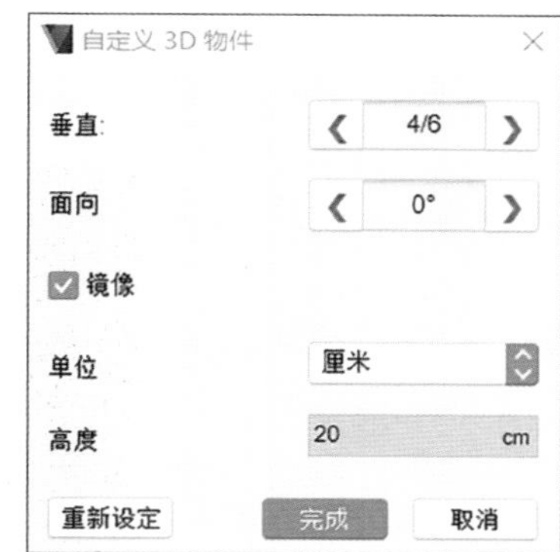

图2-6-36

垂直：通过点击左右箭头修改3D辅料的垂直面向。

面向：通过点击左右箭头修改3D辅料的水平面向。

镜像：设置3D辅料是否对称，默认选项。

单位：3D辅料的尺寸单位。

高度：3D辅料的高度。

②编辑3D辅料：点击3D辅料的“缩略图”，在弹出的对话框里，“对象”标签下可重新设定3D辅料方向、尺寸大小，或点击“取代”，给3D辅料添加一个漫反射的材质，如图2-6-37所示。

点击“连接器”标签，在3D预览窗口中，按住键盘“Alt”键，并拖动鼠标左键可移动查看。3D辅料有默认的连接点，如需删除，点击后面的“×”即可删除；点击“点”或“线”，然后点击3D辅料，可直接添加需要的连接点或线，如图2-6-38所示。

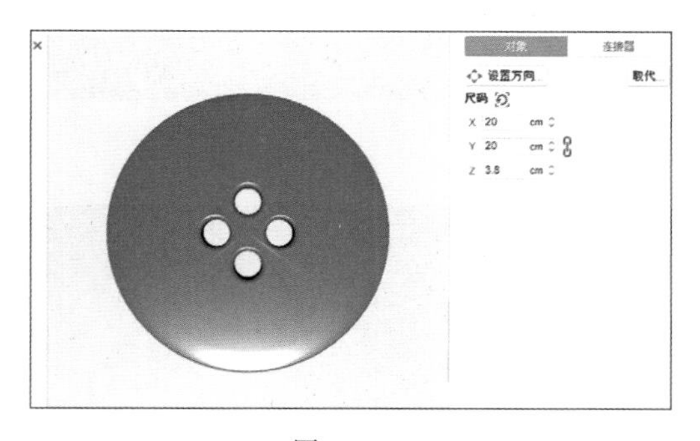
图2-6-37

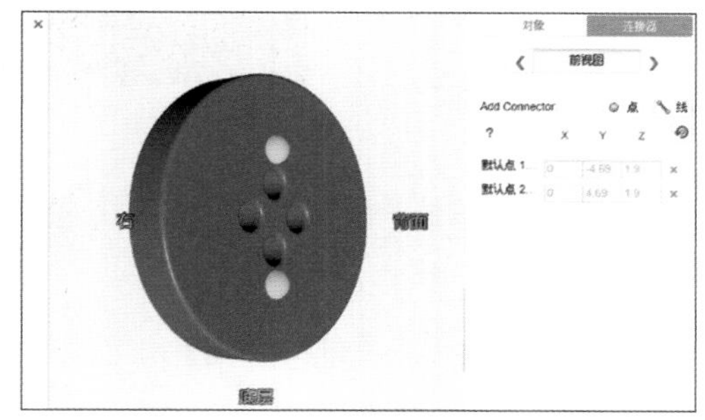

图2-6-38

③物理特性：3D辅料的物理特性只可以修改其质量数值，点击“物理特性”，在弹出的对话框中输入质量数值，点击“完成”。

（五）智能拉链

（1）添加：点击辅料“添加拉链”，拉链会自动添加到辅料“边缘指定”中。

（2）查看：点击拉链“缩略图”，右侧相关视图中将会看到组成拉链的不同部位，这些部位均可以单独进行修改，包括漫反射材质和颜色，如图2-6-39所示。

（3）指定：点击“ ”，可将拉链指定给一条边缘（内部线）或多条不同的边缘（内部线）。

一边对一边：依次点击边缘线或内部线即可，如果边缘长度不一致，将以较短边为准。

一边对多边：点击“ ”后，在子菜单栏中勾选“□ 手动指定”，先点击一条边缘，此时边缘处会显示缝合的方向箭头；然后在右侧相关视图中，点击“到”，再依次点击需要与该边缘缝合的几条边缘，注意此时箭头方向要一致，然后点击“完成”，如图2-6-40所示。

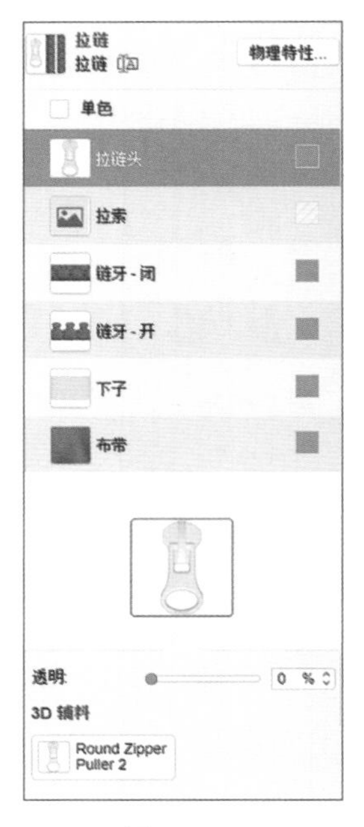

图2-6-39

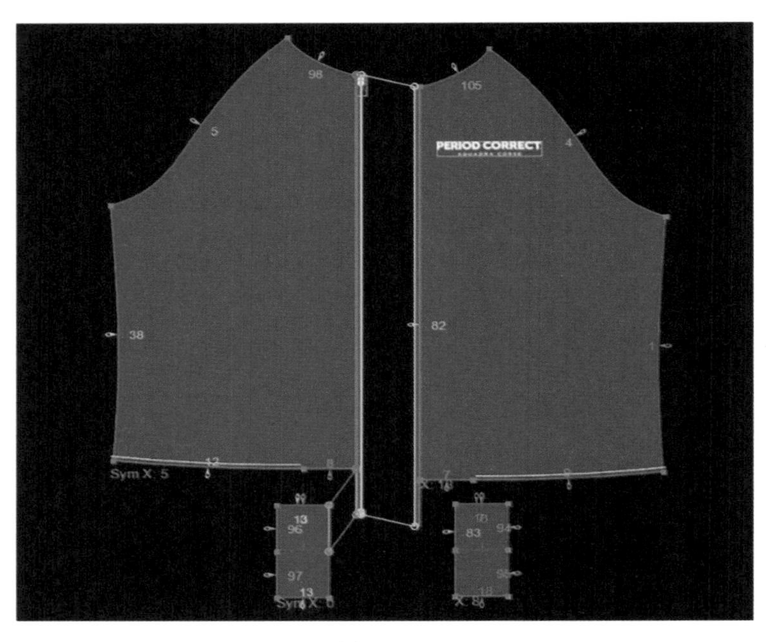

图2-6-40

（4）调整拉链长度：使用“ ”，并选中子菜单中的“编辑点”，点击板型上的拉链，拉链的两端会出现红色圆点，点击红色圆点并拖动可以直接调整拉链缝合的长度，如图2-6-41所示。

（5）编辑：点击拉链后，右侧相关视图可查看其他编辑操作，如图2-6-42所示。

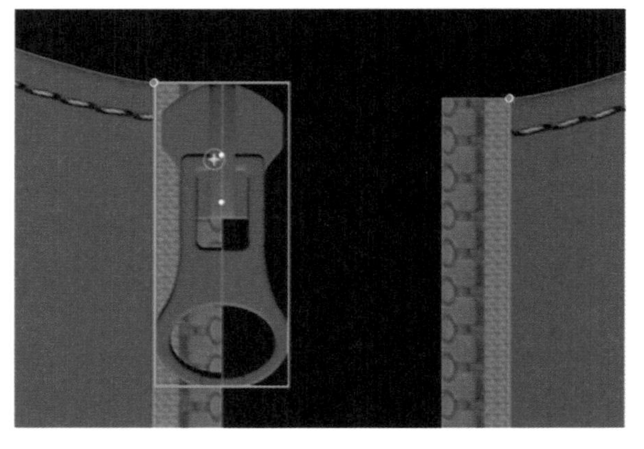

图2-6-41

①连接到：鼠标悬浮在边缘图标上，点击右上角出现的“━”将取消拉链与该边缘的缝合，回到2D界面后可重新选定缝合边缘。

②拉链宽度：设置拉链的宽度。

③拉链：设置拉链拉合的长度，可直接填写百分比或在下方的拉链示意图上点击拖动，如图2-6-43所示。

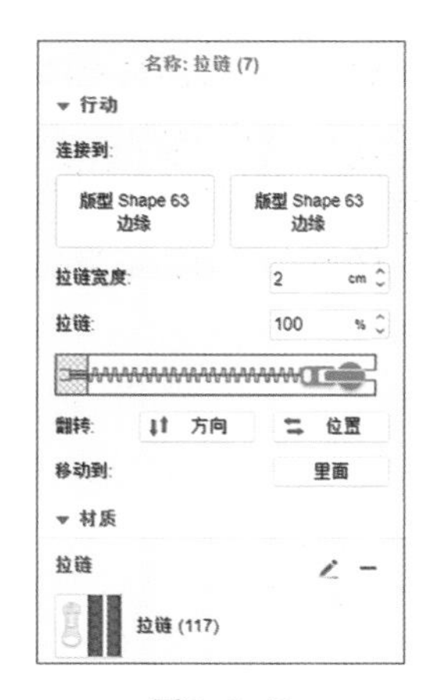

图2-6-42

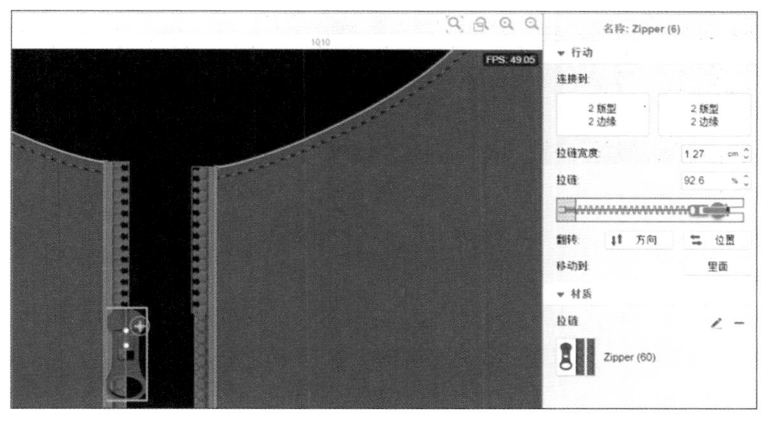

图2-6-43

④翻转：可翻转拉头的方向，左右拉链的位置。

⑤移动到：可将拉链移动到服装里面。

⑥拉链（材质）：点击“✎”可直接跳转到辅料拉链编辑界面，点击“−”将从所有板型中去除拉链。

（六）智能纽扣

（1）导入：点击辅料“添加纽扣”，纽扣会自动添加到辅料“板片指定”中。

（2）查看：点击纽扣“缩略图”，右侧相关视图中将会看到组成纽扣的不同部位，这些部位均可以单独进行修改，包括漫反射材质和颜色，如图2-6-44所示。

图2-6-44

（3）指定：纽扣分为纽扣及扣眼，使用“”，点击纽扣，先在板型上点击确认纽扣位置，再次点击后确认扣眼所在位置，如图2-6-45所示。

（4）编辑纽扣：点击板型上的纽扣，右侧相关视图可查看对纽扣的所有操作，如图2-6-46所示。

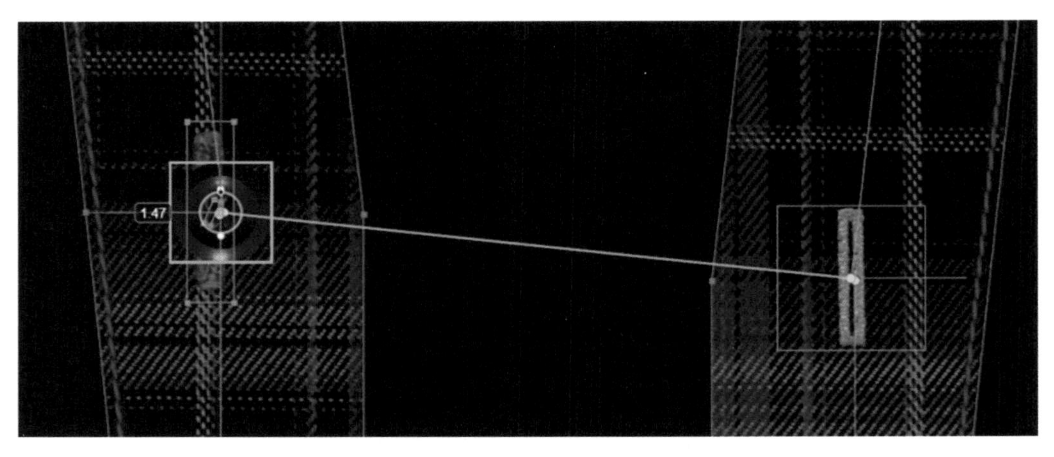

图2-6-45

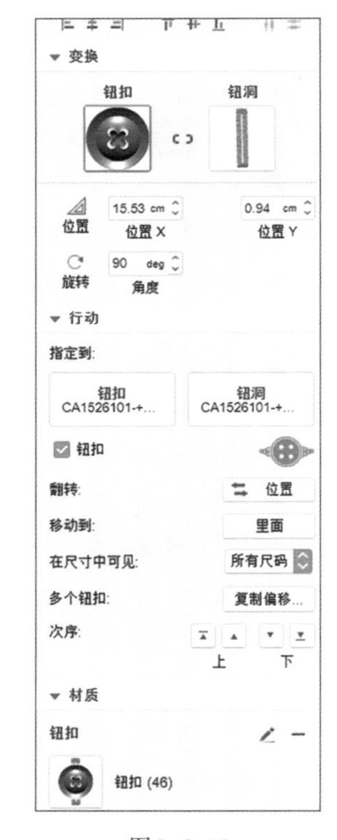

图2-6-46

①：表示纽扣和扣眼是分开的，如果在同一位置，缩略图将表现为“”。

②位置：通过输入X/Y轴数值，来精确移动位置。

③旋转：通过输入数值进行旋转。

④指定到：通过点击缩略图右上角出现的“━”图标，重新指定对应部件的位置。

⑤纽扣：通过勾选来设置纽扣是否为“系上”状态，默认为“系上”。如为“未系”状态，则表示为“ 纽扣 ”。

⑥翻转：调换纽扣和扣眼的位置。

⑦移动到：将纽扣移动到服装内部。

⑧在尺寸中可见：可选择将纽扣放于尺码中。

⑨多个纽扣：如有多个纽扣（如门襟、袖口等处），可通过输入复制偏移数值进行精确复制。

⑩次序：调整纽扣的上下顺序。

⑪纽扣（材质）：点击“”跳转到纽扣材质和颜色编辑界面，点击“━”可移除板型中使用的所有纽扣。

五、更改材质类型

在软件中，可以直接将一种类型里的材质直接复制到另一种类型里。

（1）图稿：可以拖动复制到“缝线”和“辅料”中。

（2）缝线：可以拖动复制到“图稿”和“辅料”中。

（3）板型指定辅料：可以拖动复制到“缝线”“图稿”和“边缘指定辅料”中。

（4）边缘指定辅料：可以拖动复制到“缝线”“图稿”和“板型指定辅料”中。

如图2-6-47所示，拖动并复制辅料到图稿中。

图2-6-47

六、材质库

在软件中可以查看VStitcher自带的云端面辅料材质库。使用者可根据需求自行下载使用，下载后的面辅料材质将保存在当前材质的各个类别中。

（1）点击“材质”→“材质库”，在资源栏下拉菜单中可选择材质种类，如图2-6-48所示。

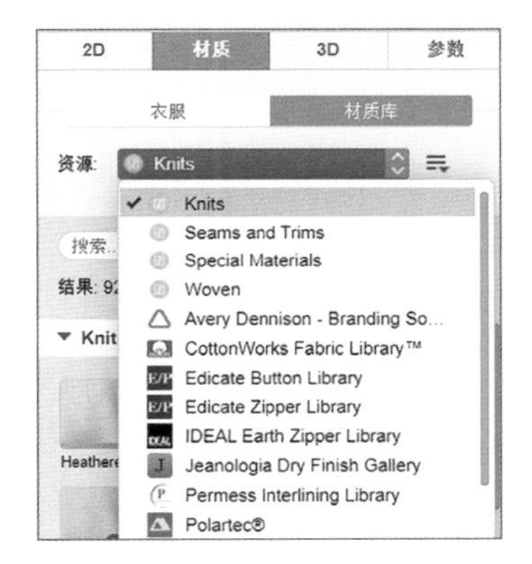

图2-6-48

点击“≡”，将显示下拉菜单。

重新加载源：存在连接问题时，点击可重新加载资源库。

清除缓存：点击可清除缓存库中的材质资源。

添加库：如果有另外的材质库，可以通过此选项添加。

（2）鼠标悬浮在面料“缩略图”上，当出现“ ”时，点击面料即可下载。

（3）下载后的面料将出现在“材质”→“布料”栏中，显示为未使用面料，如图2-6-49所示。

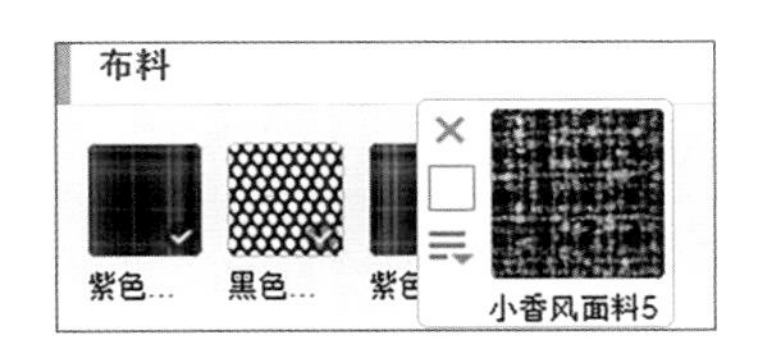

图2-6-49

第七节 颜色

一、色版

在VStitcher软件中，可以给服装创建多个色版（配色）。每个色版都包含服装的面辅料、颜色等信息，这些信息均可以独立进行修改操作，并会随着操作实时更新及保存。

（一）查看、创建色版

（1）点击主工具栏中“ ”，在对话框中可查看当前色版，默认名称为“Colorway 1”，如图2-7-1所示。

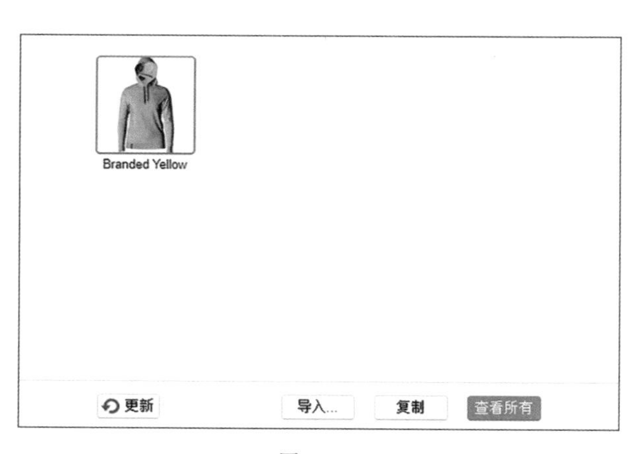

图2-7-1

更新：点击后可生成服装快照。

导入：点击将打开对话框，选择BW文件或VSGX格式文件，可选择导入其他款式文件中的面辅料文件到当前文件中，如图2-7-2所示。

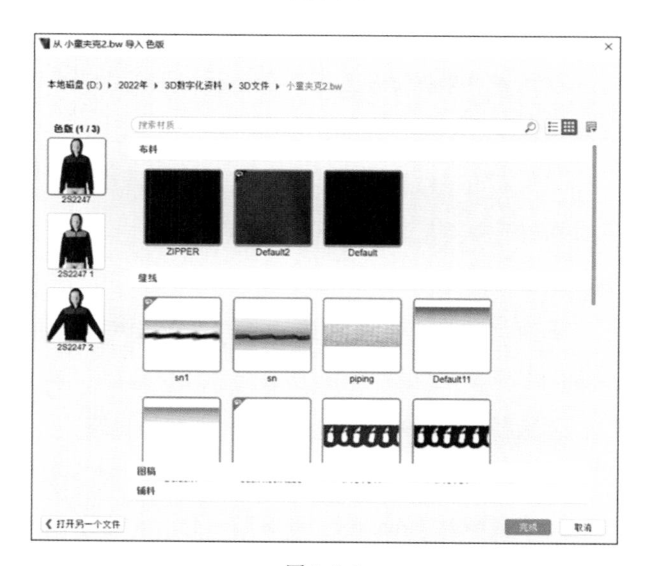

图2-7-2

复制：点击需要复制的色版，点击“复制”，可在当前文件中生成新的色版。

查看所有：点击后将跳转到色版工作区。

（2）每次点击“复制”都会生成一个新的色版，默认名称为“Colorway 2”；可更改色版名称并在新色版界面下进行设计，更改面辅料、颜色、图稿等，更改后色版显示如图2-7-3所示。

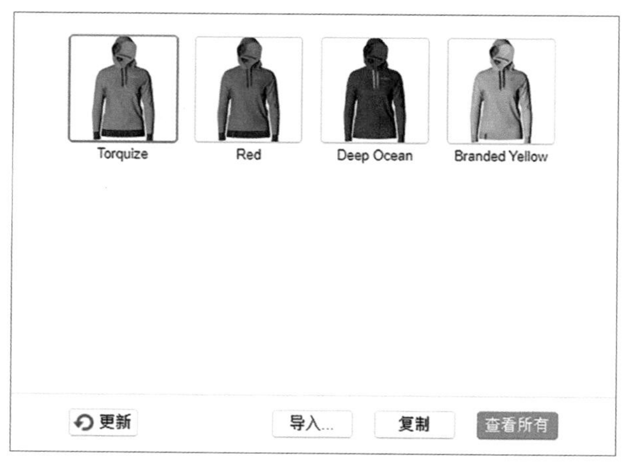

图2-7-3

（3）鼠标悬浮在色版“缩略图”上，点击左上角的“ ”即可删除当前色版。

（4）点击色版“缩略图”可进行不同配色的切换，点击“查看所有”进入色版工作区，如图2-7-4所示。

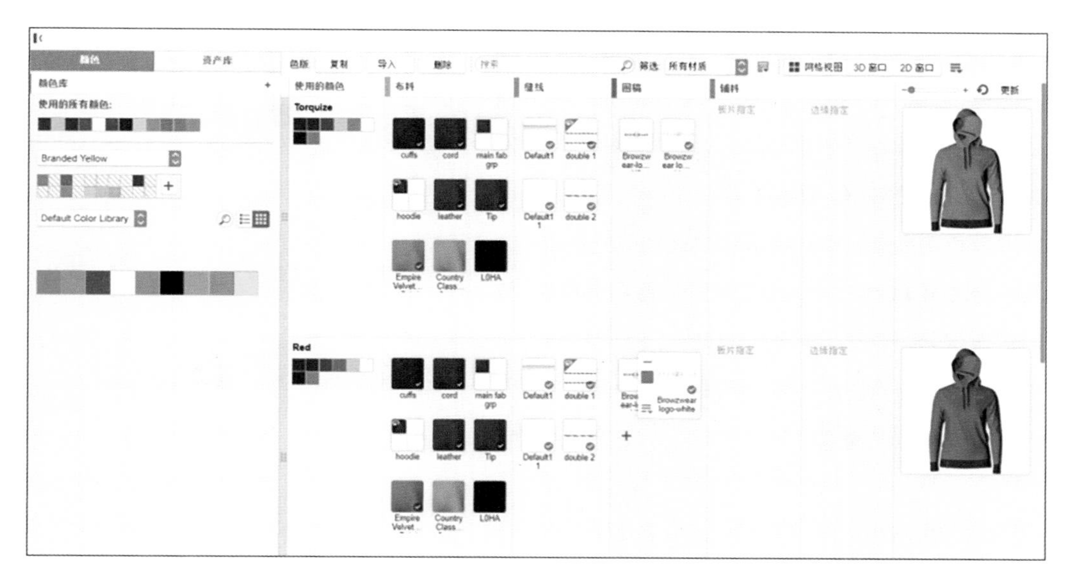

图2-7-4

也可点击主工具栏中“ ”，在下拉菜单选择“色版”，进入色版工作区，如图2-7-5所示。

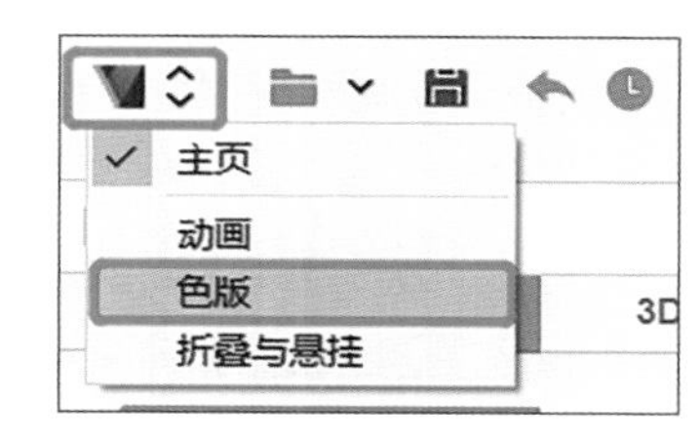

图2-7-5

（二）色版工作区

色版工作区由三个区域组成：颜色区域、色版工具栏以及色版显示区域，如图2-7-6所示。

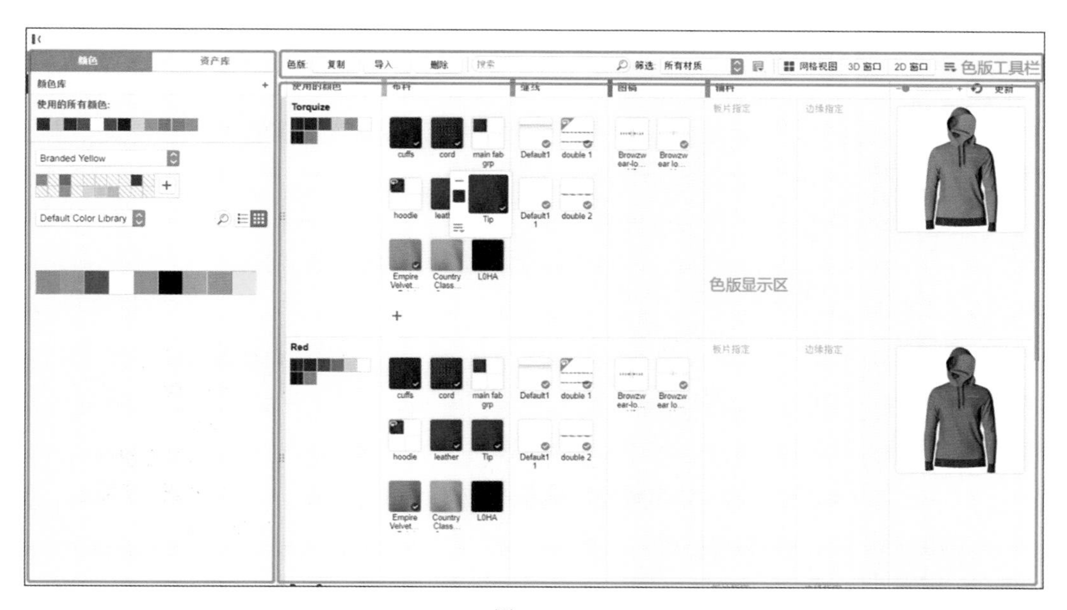

图2-7-6

（1）颜色区域：颜色区域如图2-7-7所示。

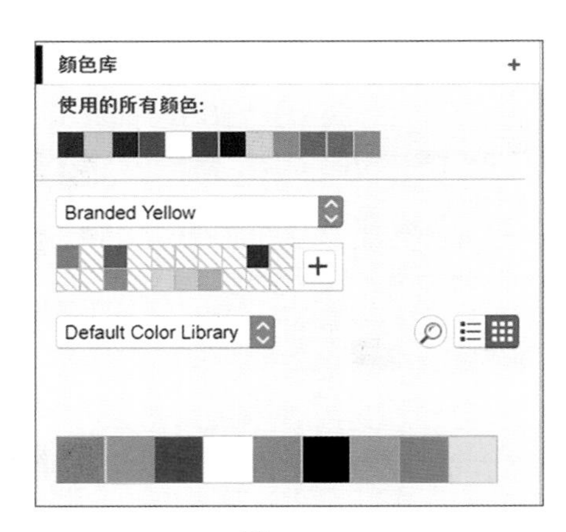

图2-7-7

使用的所有颜色：当前文件中使用的所有颜色；当鼠标悬浮在颜色上时，所用到该颜色的材质会显示为黄色对钩，例如“■”。

颜色选择器：点击后显示所选色版的颜色。

自定义颜色栏：点击“+”可将常用颜色添加到“自定义颜色栏”中的空白处。

颜色库：点击下拉菜单选择需要的颜色库。

搜索：点击搜索需要的颜色，“☰▦”为颜色显示方式。

（2）色版工具栏：色版工具栏如图2-7-8所示。

色版 复制 导入... 删除 搜索... 筛选 所有材质 网格视图 3D窗口 2D窗口

图2-7-8

复制：点击可复制色版。

导入：点击可导入新的色版。

删除：点击可删除选中色版。

搜索：用于搜索色版及材质。

筛选：点击下拉菜单可用于搜索材质，如图2-7-9所示。

网格视图：点击后将以网格视图显示色版，点击并拖动色版缩略图可更改前后顺序。

3D窗口：点击以显示3D窗口。

2D窗口：点击以显示2D窗口。

☰菜单：点击下拉菜单可选择：“取消选择所有材质”“删除所有未使用的材质”“重置视图”功能。

（3）色版显示区域：色版显示区域如图2-7-10所示。

此区域可查看和编辑所有色版所使用到的颜色、面辅料等材质；选中“3D窗口”或“2D窗口”，可直接指定或拖放材质。

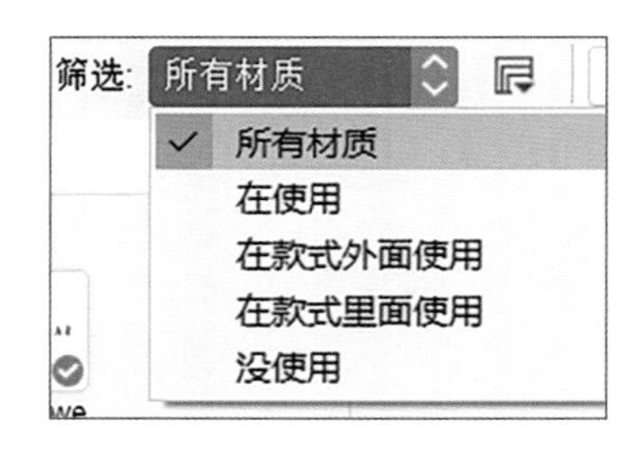

图2-7-9

-●——+：左右拖动，用于预览窗口的放大和缩小。

右侧相关视图：当选中材质时，会出现对应材质的相关操作，如编辑材质、颜色等。

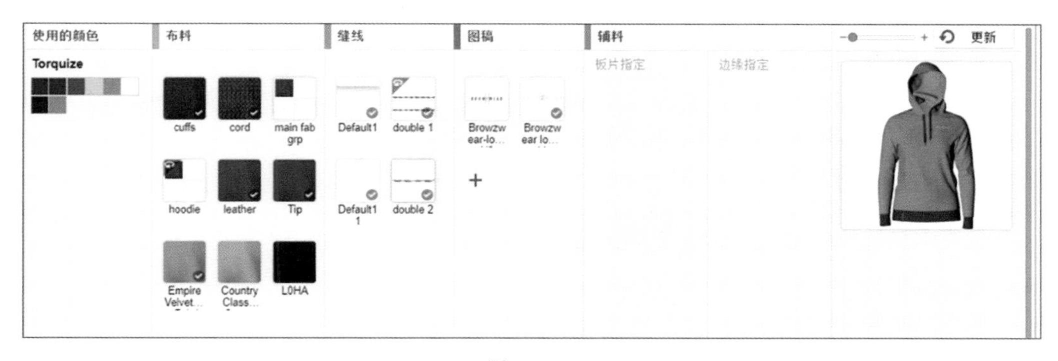

图2-7-10

二、颜色选择器与颜色库

(一)颜色选择器

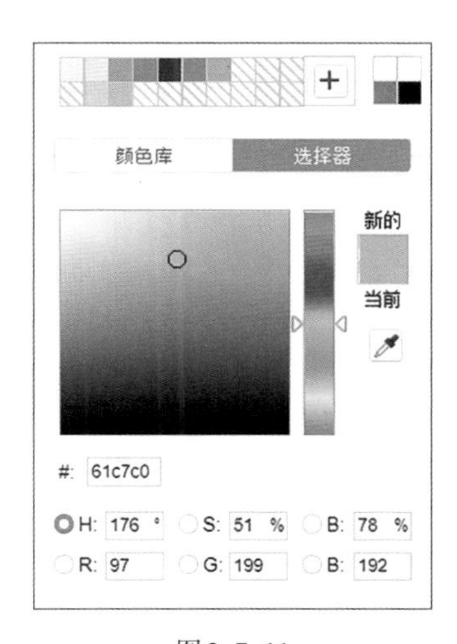

图2-7-11

在VStitcher软件中点击颜色图标均会出现颜色选择器，如图2-7-11所示。

(1)点击"◁"并拖动，可更改色调区域。

(2)在颜色方形区域内点击可选择具体颜色色度。

(3)：在对话框中输入HSB或RGB数值，可精确选择颜色。

(4)：为所选颜色和当前颜色。

(5)：可吸取软件当前界面中任意颜色。

(二)颜色库

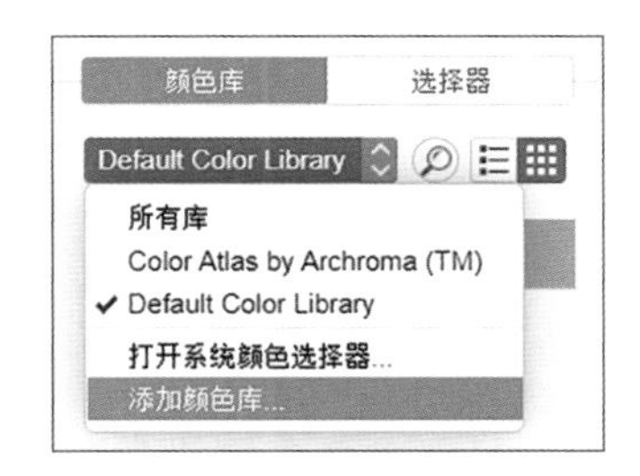

图2-7-12

点击"颜色库"下拉菜单，可查看和使用当前文件中所有颜色库，如图2-7-12所示。

(1)颜色库格式：软件可添加外部颜色库，格式可为：ACO、ASE、JSON。

AI颜色库：在软件中点击色版后下拉菜单，选择"将色版库存储为ASE"。

PS颜色库：在软件中点击色版后下拉菜单，选择"存储色版"。

(2)添加颜色库：点击"添加颜色库"，在弹出的对话框中点击颜色库文件，点击"打开"。

第八节　渲染与导出

在主工具栏中点击“ ”，将弹出渲染窗口，如图2–8–1所示。

图2–8–1

一、图像渲染

（1）：点击选择服装视角，正面、左面、背面、右面、侧面，或可选择自定义视角。

（2）渲染类型：可选择不同的渲染类型，普通渲染、轮廓图（线稿）、光线跟踪渲染。

（3）包括人台：点击显示或隐藏3D人台。

（4）轮廓外框：点击以选择是否需要渲染黑色轮廓外框。

（5）背景：在下拉菜单中选择环境3D、纯色背景或透明背景（PNG），如图2-8-2所示。

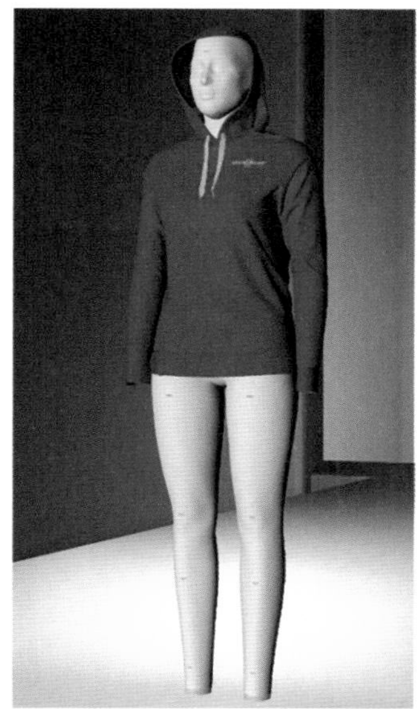

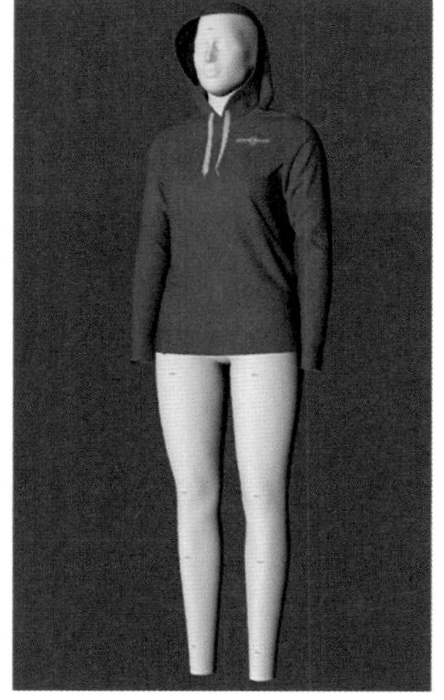

图2-8-2

（6）图像/打印尺寸：图像与打印尺寸相关联。建议渲染图像尺寸不小于12cm×12cm，DPI数值大于等于200；DPI越大图像越清晰，同时渲染时间会相对增加。

（7）进阶设置：如选择了多个角度或多个色版，可勾选将其渲染文件保存在同一文件夹中；“视野”调整，数值越小，服装越近。

（8）色版：可选择在一张图像中同时渲染多个色版；需要勾选“合装包”选项，并通过调整X、Y、Z数值以调整每个配色的相对位置，如图2-8-3、图2-8-4所示。

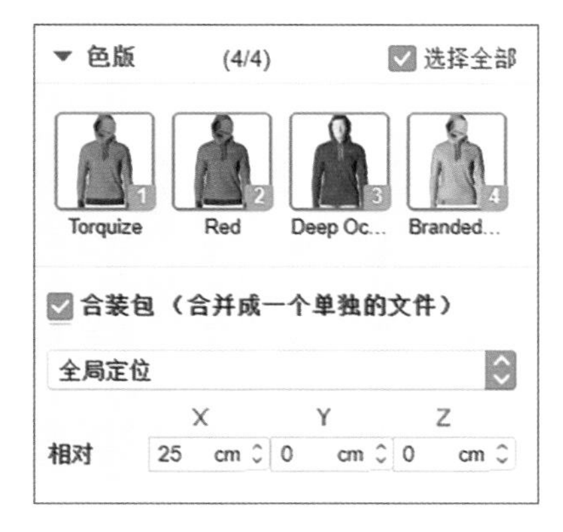

图2-8-3

图2-8-4

（9）3D视图：勾选后可同时渲染多个视角的图片，如正面、背面、侧面等。

（10）设置完成后，点击窗口左下方的“渲染”设置保存路径即可。

二、可旋转图像渲染

（1）HTML：在渲染界面中点击“可旋转”，并选择“HTML”格式，渲染界面如图2-8-5所示。

图2-8-5

可旋转大小设置：

：水平角度均分3张图像。

：水平角度均分6张图像。

：输入角度与缩放值，可进行自定义设置。

（2）GIF：选择“GIF”格式，渲染界面将如图2-8-6所示。

总持续时间：图像旋转一周的时间，默认为7秒。

FPS：每秒传输的帧数。FPS越高，文件质量越高，同时文件也越大，FPS数值默认为18。

其他渲染设置可参考图片渲染。渲染文件可在网页中打开，点击可查看旋转效果。

图2-8-6

三、导出为3D物件

服装试穿效果可以保存为3D模型并导出，再带入第三方软件进行渲染或其他操作。在渲染界面中点击“3D物件”，渲染界面如图2-8-7所示。

（1）3D格式：点击下拉菜单，选择导出的3D文件格式，如图2-8-8所示。

（2）衣服内：选择可导出服装里面的效果。

（3）服装厚度：选择可导出服装板型的厚度。

（4）缩放：选择可导出合适的缩放比例。

（5）烘焙材质（布局UV）：选择可将服装中的所有材质烘焙成单一的材质。

（6）文件格式：导出的格式为PNG\TIFF\ JPEG。

（7）原始材质（原生UV）：选择材质后，可嵌入颜色特性（若要使用此功能，需要关闭“增强图层混合”功能）。

图2-8-7

（8）嵌入颜色：选择后可包含给材质指定的颜色；如果不勾选，材质和颜色则相互独立。

（9）UV：板型UV贴图设置。

每一片板型：选择后将为每一片板型创建一个材质。

保留比例：选择以保持图像比例。

拉伸：选择以拉伸图像。

平铺材质：选择“原始材质”后的默认选项。

所有板型：选择将为所有材质创建一个单一的材质。

方形：导出为方形，不受2D窗口限制。

边界框：将根据2D窗口边界框导出。

（10）FBX设定：选择第三方软件的版本。

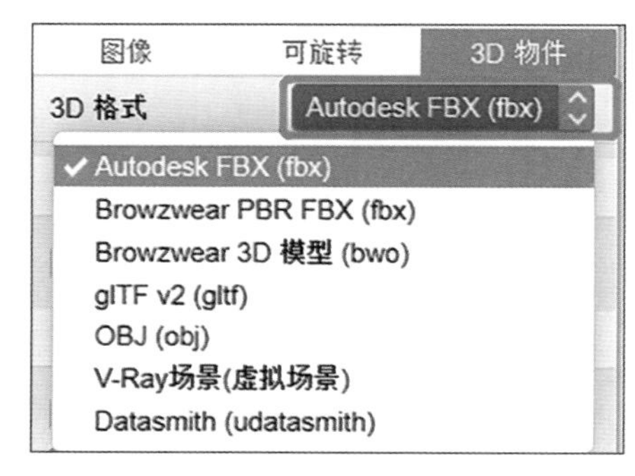

图2-8-8

四、保存导出渲染设置

（一）保存新预设

打开渲染对话框，在进行图像、可旋转或3D物件导出设置后，在“新的导出预设 保存”栏中输入名称，可保存现有的导出预设。

（二）预设的导入、导出

点击下拉菜单，点击“导出”可导出现有预设，点击“导入”可加载已保存的预设，如图2-8-9所示。

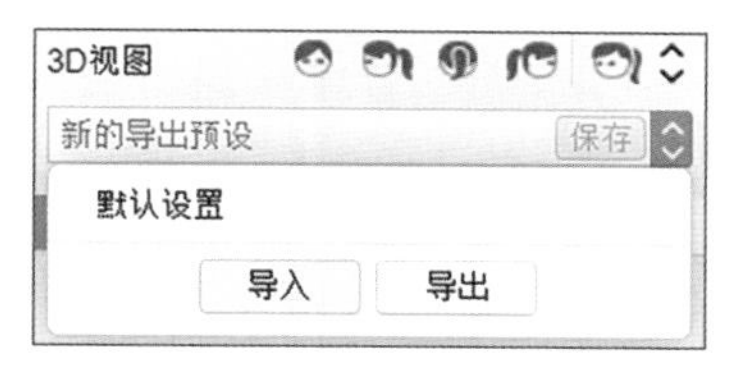

图2-8-9

五、光线跟踪渲染

在3D界面工具栏中点击“”，打开光线跟踪渲染（V-Ray）预览窗口，如图2-8-10所示。

（1）暂停：点击可暂停渲染，再次点击重新开始渲染。

（2）更新：点击可刷新渲染图像。

（3）显示背景图像：点击显示3D环境背景。

（4）保存图像：点击后弹出文件保存对话框，选择路径后点击“保存”，即可保存预览窗口图像。

（5）待预览结果确认后，可执行款式渲染步骤，在渲染窗口中，选择“光线跟踪渲染（本地V-Ray）”（需要先在“编辑”→“首选项”→“渲染”中选择“V-Ray渲染器”），再进行后续渲染设置。

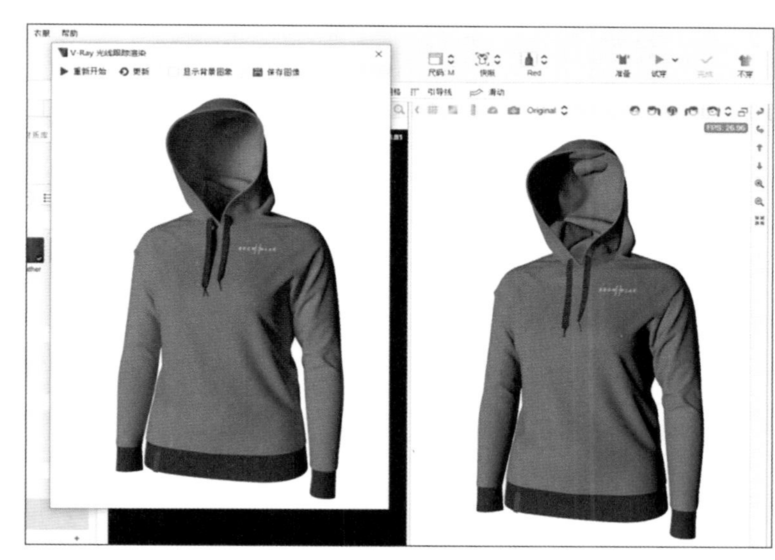

图2-8-10

六、动画

动画功能需要使用包含动画序列的人台，通过人台试穿进行服装录制并导出动画视频。

图2-8-11

（一）动画工作区

点击主工具栏“ ”，在下拉菜单中点击“动画”进入动画工作区，如图2-8-11、图2-8-12所示。

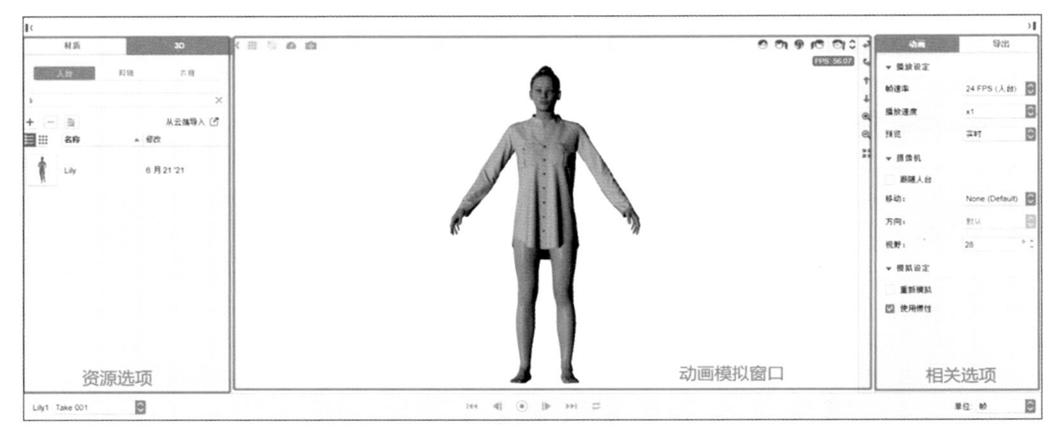

图2-8-12

（二）编辑、录制动画

（1）加载动画人台：在资源栏中会显示所有带有动画的人台资源，双击选取合适的人台，人台将显示在“动画模拟窗口”中，如图2-8-13所示。

（2）人台姿势预览：每个动画人台都有自己的动画序列，点击“Lily Jogging in Place”人台姿势菜单，在列表中可查看或更改所有动画序列，如图2-8-14所示。

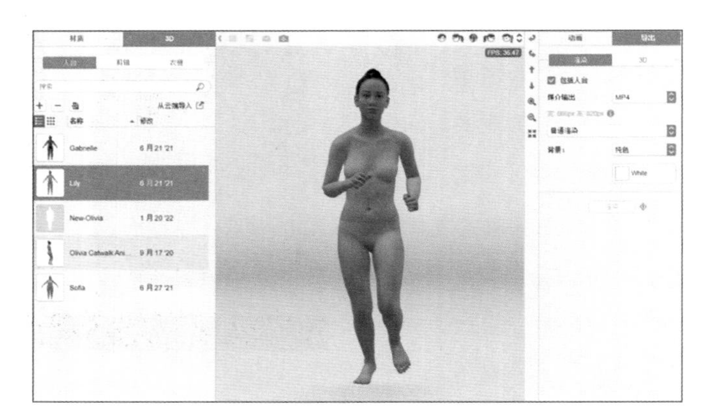

图2-8-13

（3）人台动画预览：点击需要使用的动画，可使用“动画控件”运行人台动画查看效果，如图2-8-15所示。

（4）服装试穿：待确认人台动画后，可在动画工作区试穿服装。依次点击主工具栏中“ ”及“ ”，进行服装效果模拟并调整服装效果，服装试穿效果如图2-8-16所示。

（5）动画录制：在界面右侧关联选项中点击“动画”进行播放设定、摄像机和模拟设定，如图2-8-17所示。

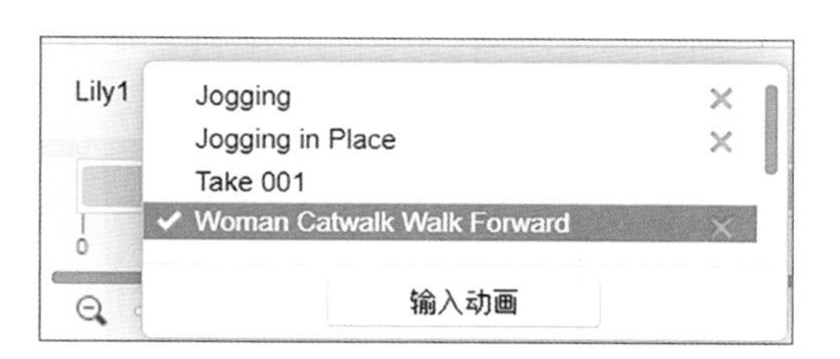

图2-8-14

图2-8-15

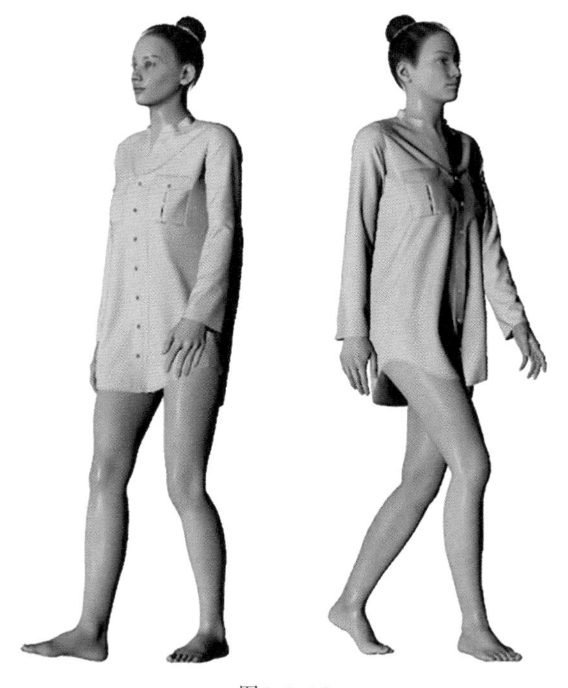

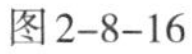

图2-8-16

图2-8-17

帧速率：决定人台动画每秒输出的帧数，下拉菜单可选择不同的帧速率。

播放速度：决定人台动画播放的速度。

预览：决定人台动画模拟的显示方式，默认为实时。

跟随人台：勾选后摄像机跟随人台的移动，以便于找到理想的摄像机角度位置。

移动：决定摄像机的移动情况，可在下拉菜单中选取不同的运动轨迹。

方向：决定摄像机的方向角度。

视野：决定摄像机距离人台的远近长度。数值越小，视图越近。

重新模拟：勾选后，“▶”会变为“◉”，可选择重新模拟部分录制的片段。

使用惯性：决定动画的连贯性。

点击“◉”开始录制，点击“⏸”可暂停录制。当进度条呈现为“ ”时即为录制完成，此时该段动画将被保存在“剪辑”资源栏下，如图2-8-18所示。

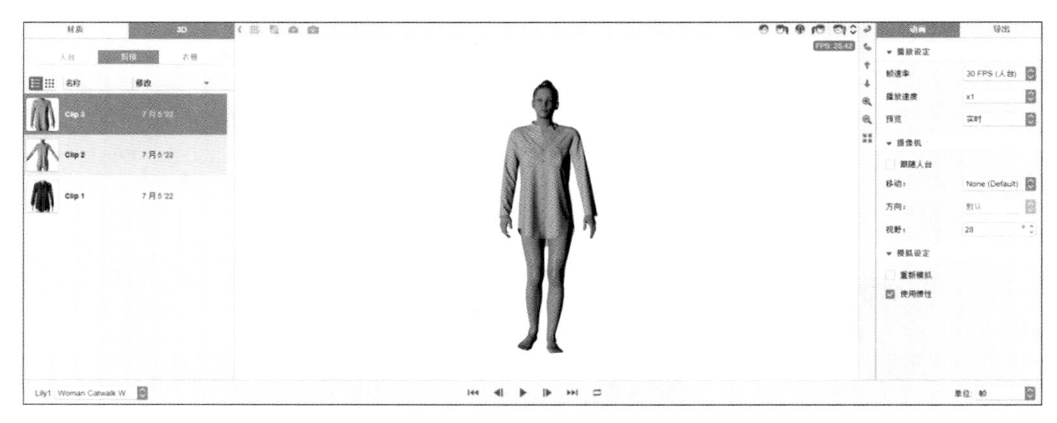

图2-8-18

鼠标悬浮在动画剪辑缩略图上，会显示当前动画的基本信息，点击“☰”可选择对该段动画进行复制或删除；点击动画名称可重命名，如图2-8-19所示。

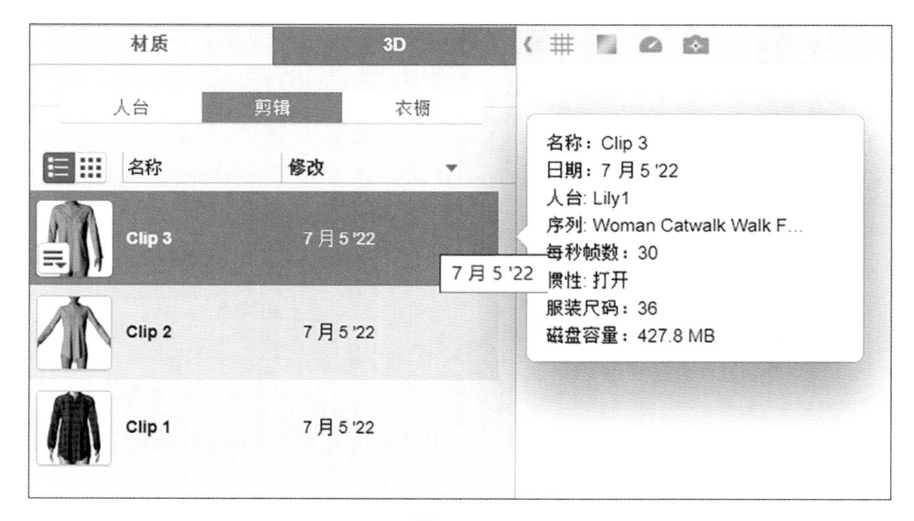

图2-8-19

（三）动画渲染与导出

（1）渲染：动画录制完成后，在右侧相关选项中点击“导出”标签，可选择动画渲染相关设置，如图2-8-20所示。

包括人台：是否渲染包括人台的动画。

媒介输出：可选择导出的动画格式：MP4、GIF动画、图像序列。

渲染模式：可选择普通渲染及光线跟踪渲染。

背景：可选择纯色背景或显示3D界面的环境。

3D：可选择导出为3D物件。

（2）导出：根据需要进行渲染设置，点击“渲染”选择文件保存路径即可。

图2-8-20

第九节　3D注释与工艺包

一、3D注释

在款式设计及试穿模拟完成后，使用者可以使用“3D注释”的功能，对服装款式的设计加以标注和说明。

（一）3D注释页面

点击主菜单栏“工具”→“3D注释”，进入3D注释页面，如图2-9-1所示。

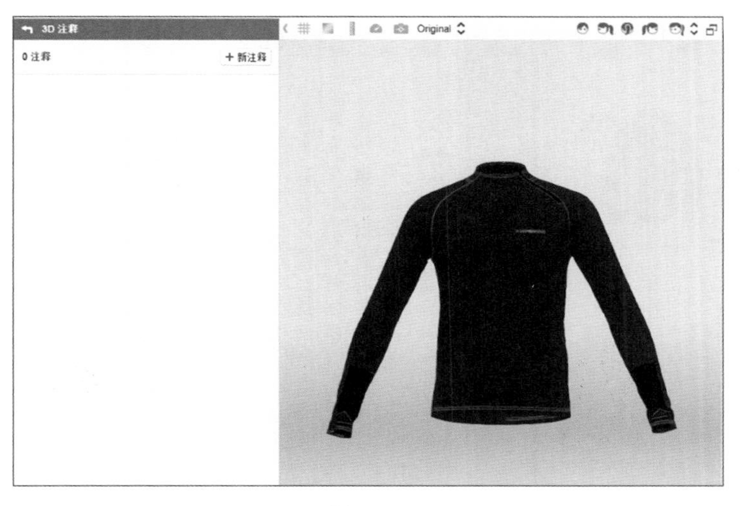

图2-9-1

（二）编辑3D注释

（1）在3D窗口中，将服装旋转到合适的角度，在左侧“3D注释”编辑栏中，点击“+新注释”，将出现一个文本框，在文本框内输入要注释的内容后，将显示“添加”按键。

（2）点击“添加”，注释上会显示出一个编号，同时3D窗口中也会出现一个同样的编号，点击拖动3D窗口的编号到需要的位置即可，如图2-9-2所示。

（3）点击每条评论下方的“回复”“编辑”“删除”可分别对3D注释进行对应的操作。

（4）点击“3D注释”编辑栏“3D注释”即可关闭3D注释。

图2-9-2

二、工艺包

在服装设计及试穿模拟完成后，可以直接导出后续生产所需的工艺单文件，包括款式效果图、板型文件、面辅料以及图稿等相关信息。相较于传统的2D工艺单，3D工艺单在提升款式视觉效果的同时，还能确保各项资料的准确性。

图2-9-3所示为企业传统生产2D工艺单，图2-9-4所示为软件生成的3D工艺单。

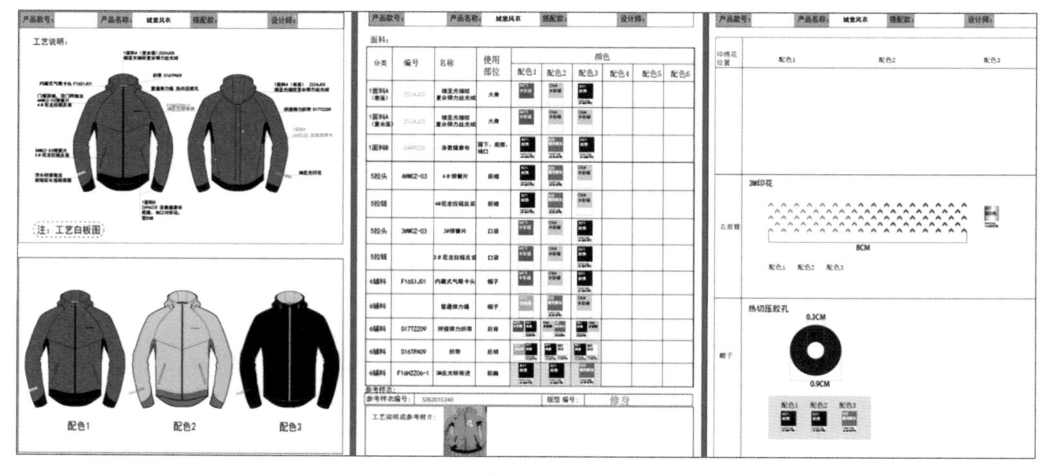

图2-9-3

群组	图列	材质名称	材质类型	版型名称, 编号	0401-黑	0401-蓝	0401-橙	0401-黄
		Default	布料	前片 [10], 后片 [11], 领面 [12], 袖子 [18], 袖子 [22]	B01 碳黑			
		LALIAN	布料	Att [14]	B01 碳黑			
		B1	布料	袖子 [20], 袖子 [21]	B01 碳黑			
		B1	布料	袖子 [20], 袖子 [21]				#d1ff03
		B	布料	袖子 [23], 袖子 [24]	B01 碳黑			
		Default	布料	前片 [10], 后片 [11], 领面 [12], 袖子 [18], 袖子 [22]		#384ad6		

图2-9-4

（一）创建工艺包

（1）点击主菜单栏上“文件”→“创造工艺包”，将弹出创造工艺包内容窗口，如图2-9-5所示。

（2）BOM：点击“”进入BOM对话框，如图2–9–6所示，根据需要选择是否导出相关信息，以及需要导出款式的色版，确认后点击“返回”。

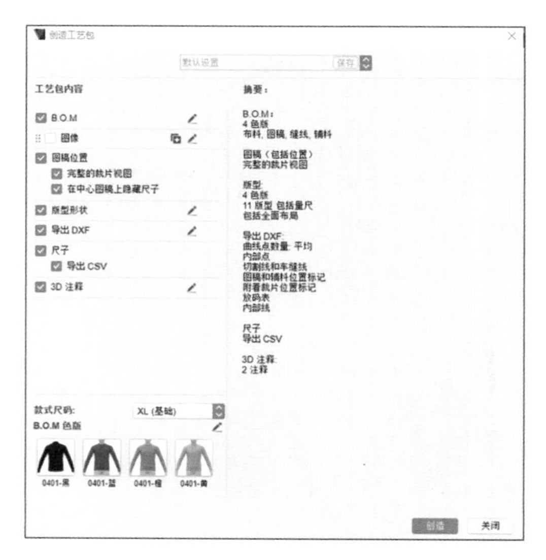

图2–9–5

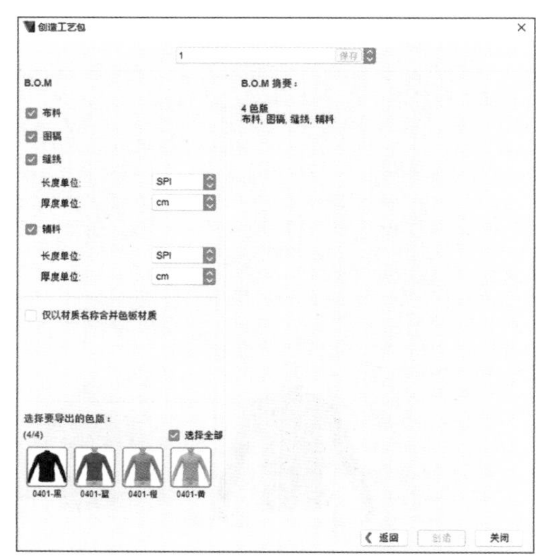

图2–9–6

（3）图像：导出服装款式渲染图到工艺包。点击“”进入图像管理界面，如图2–9–7所示。

点击“管理”进入图像渲染窗口，在3D窗口中调整合适的角度，选择需要导出的款式配色，在“新的导出预设 保存”栏中输入名称并保存渲染，如图2–9–8所示。

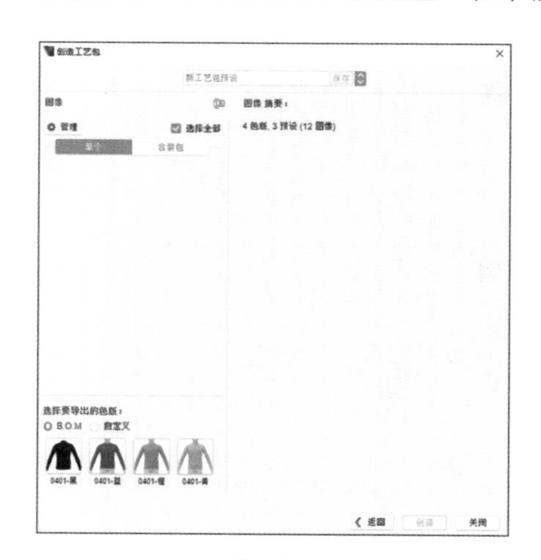

图2–9–7

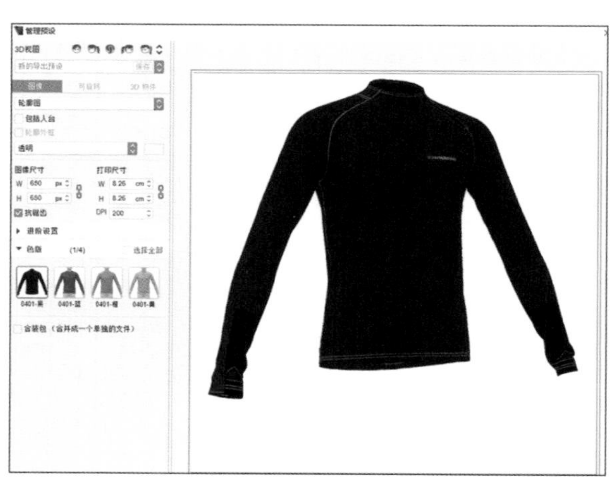

图2–9–8

渲染设置完成后点击“返回”，在工艺包内容窗口中，点击“图像”后的“”，可根据需求增加图像渲染数量。

（4）图稿位置：选择图稿详细信息。

（5）板型形状：选择导出板型的相关信息，如图2-9-9所示。下拉菜单可选择导出的图片格式以及图片分辨率，其他选项默认勾选状态。

（6）导出DXF：勾选可在工艺包内添加板型DXF文件，点击“ ”进入导出DXF设置页面。

（7）量尺：选择后可在工艺包中创建量尺。

（8）3D注释：选择后将导出标注的3D注释，点击“ ”进入3D注释设置页面，如图2-9-10所示。

图2-9-9

图2-9-10

（9）尺码：点击可选择设置尺码。

全部设置完成后，点击对话框下方的“创造”，点击相应的文件夹保存工艺包。

创造的工艺包文件夹包含如图2-9-11所示文件，点击“default.output”可在网页中打开并查看工艺包内容。

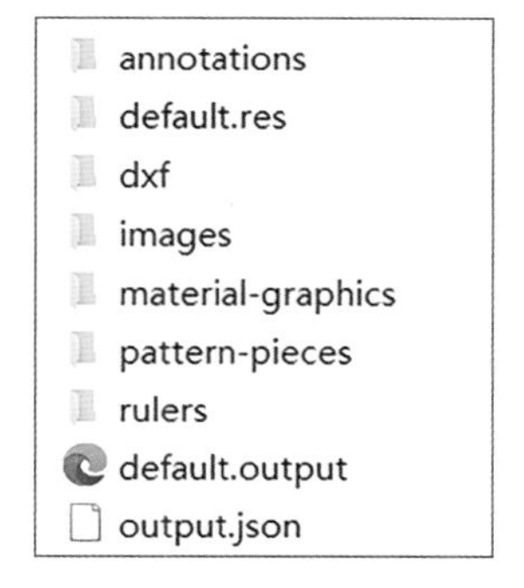

图2-9-11

（二）编辑工艺包

在软件中可对已经创建好的工艺包进行再次编辑。

（1）点击“文件”→“编辑工艺包”，将弹出工艺包编辑对话框，如图2-9-12所示。

（2）点击“Open...”，点击“选择文件夹”，将打开创建的工艺单文件。

（3）点击“编辑标题”，可编辑每页工艺单的标题，修改后点击“保存”，如图2-9-13所示。

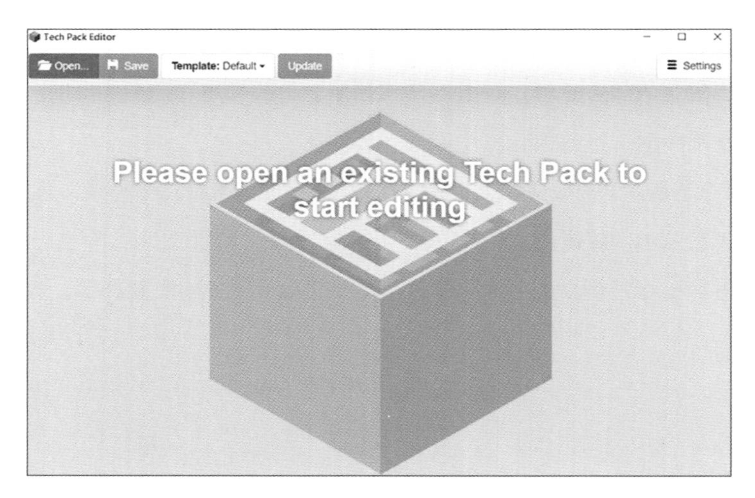

图2-9-12

图2-9-13

（4）每页的工艺单均可进行编辑，如图2-9-14所示，待编辑完成后点击对话框菜单栏中的“ Save ”进行保存。

删除 | 添加 ↑ ↓	编辑		编辑 | 删除 | 添加 LALIAN	布料	Att [14]	B01 碳黑			
删除 | 添加 ↑ ↓	编辑		编辑 | 删除 | 添加 B1	布料	袖子 [20], 袖子 [21]	B01 碳黑			
删除 | 添加 ↑ ↓	编辑		编辑 | 删除 | 添加 B1	布料	袖子 [20], 袖子 [21]				#d1ff03
删除 | 添加 ↑ ↓	编辑		编辑 | 删除 | 添加 B	布料	袖子 [23], 袖子 [24]	B01 碳黑			
删除 | 添加 ↑ ↓	编辑		编辑 | 删除 | 添加 Default	布料	前片 [10], 后片 [11], 领面 [12], 袖子 [18], 袖子 [22]		#384ad6		

图2-9-14

第三章

服装3D款式案例

CHAPTER 3

第一节　运动休闲装

本节将介绍如何使用VStitcher软件创建一件运动休闲夹克（图3-1-1）。

该服装制作主要分为六个步骤：板型导入与整理→选择人台→板型摆放→板型缝合→服装试穿与效果调整→指定材质。

图3-1-1

一、板型导入与整理

（一）导入板型文件

（1）点击“文件”→“导入”，将弹出打开文件对话框，如图3-1-2所示。

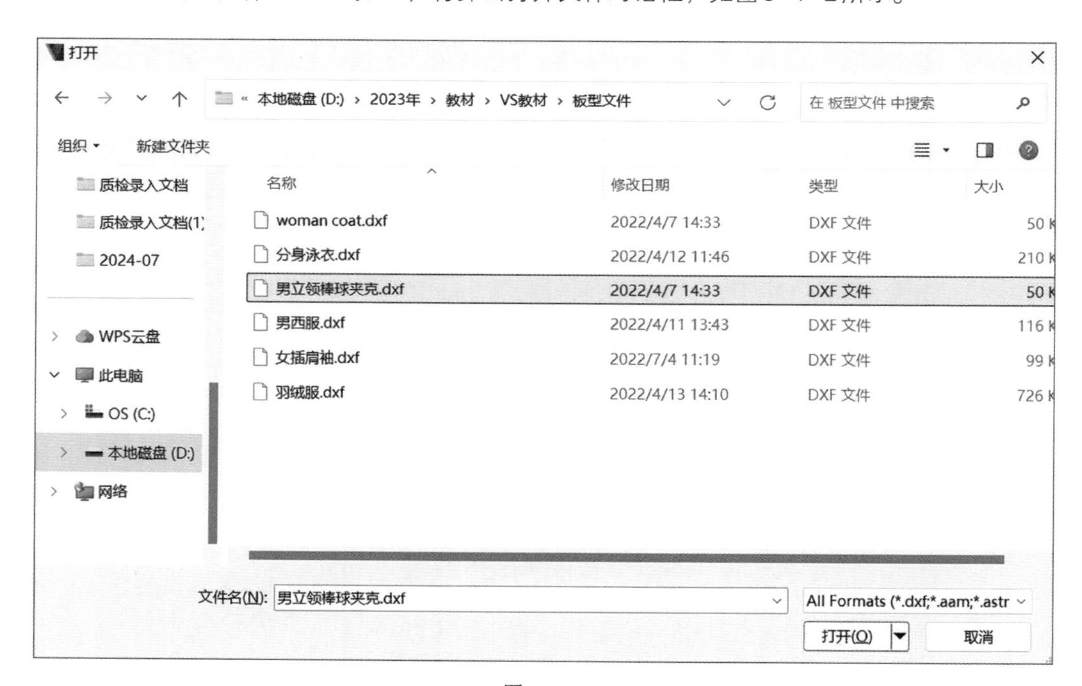

图3-1-2

（2）在打开对话框中选择需要导入的板型文件，其文件格式为“*.dxf，*.aam；”，点击“打开”。

（二）整理服装板型

在2D窗口中，点击“ ”并选中“ ”点击需要旋转的板型，将出现“ ”。点击并拖动黑色圆点，按住键盘“Shift”键可进行90° 旋转。点击板型并拖动鼠标进行移动，最终板型摆放效果如图3-1-3所示（板型可根据需要及习惯摆放）。

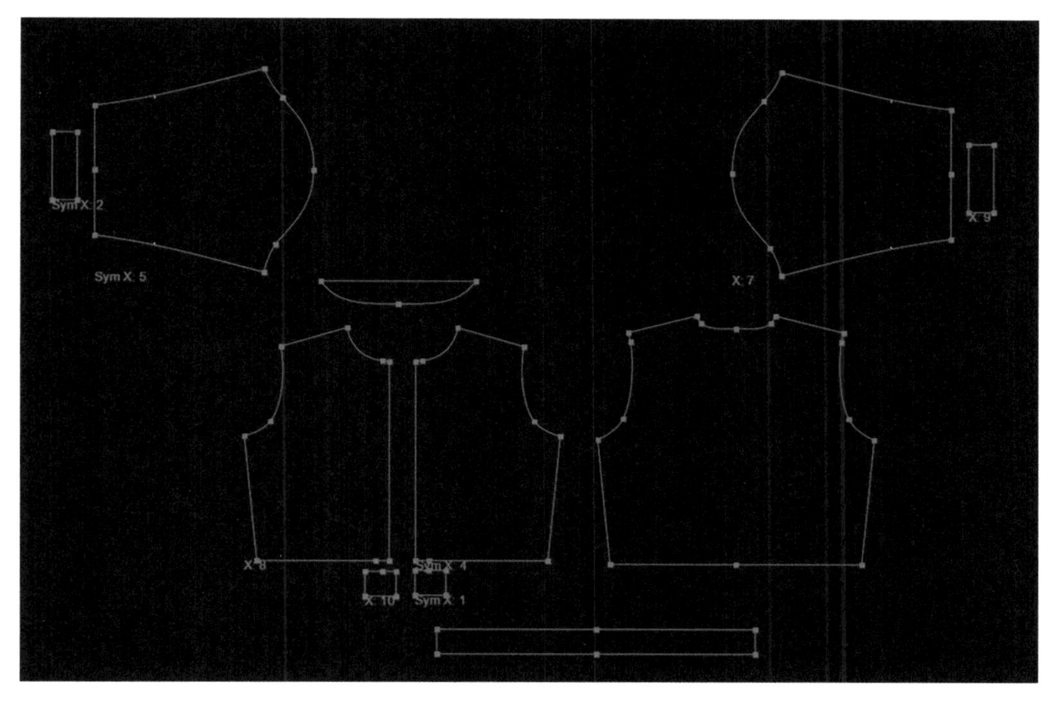

图3-1-3

二、选择人台

（一）选择人台

点击“3D”→“人台”，在人台列表中选择“Adam”人台双击，人台将出现在3D窗口中，如图3-1-4所示。

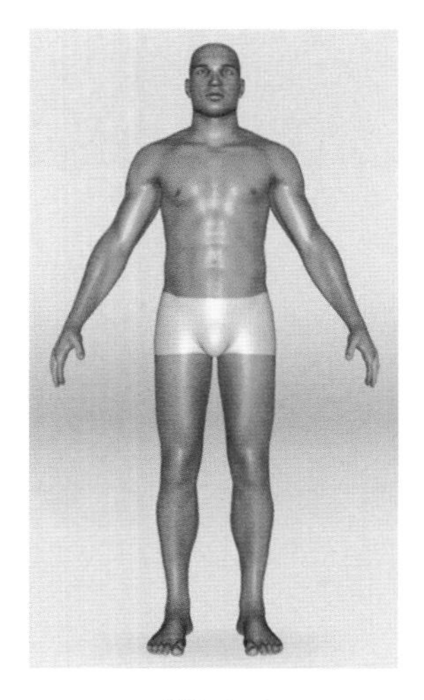

图3-1-4

（二）调整人台

点击主菜单“3D环境”→“人台”→“模特肤色”，人台将变为纯色，再次点击“人台”→“肤色”，可在子菜单中选择不同的模特肤色，如图3-1-5所示。

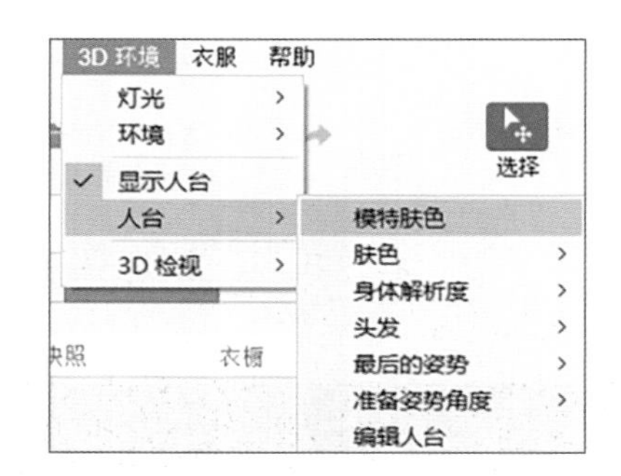

图3-1-5

三、板型摆放

将板型定义在人台的不同位置，便于进行服装的试穿。

点击“ ”将跳转到板型摆放界面，点击并拖动板型到对应的人体示意图上。此款式需要将板型放置在人台的前面、左面以及背面，摆放效果如图3-1-6所示。

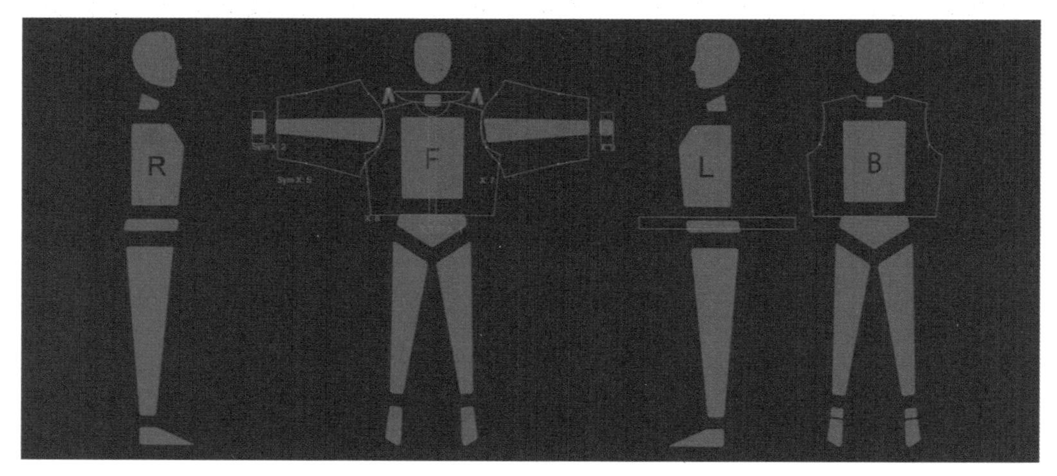

图3-1-6

四、板型缝合

板型摆放完成，就可以进行下一步的缝合工作。此款式我们需要用到的缝合方式有三种。

（1）单边对单边缝合：如大身侧缝、袖子侧缝、肩缝、前中门襟等。

（2）多边缝合：如袖窿、下摆等。

（3）点对点缝合：门襟两侧的纽扣缝合。

在2D窗口中，缝合完成的效果如图3-1-7所示。

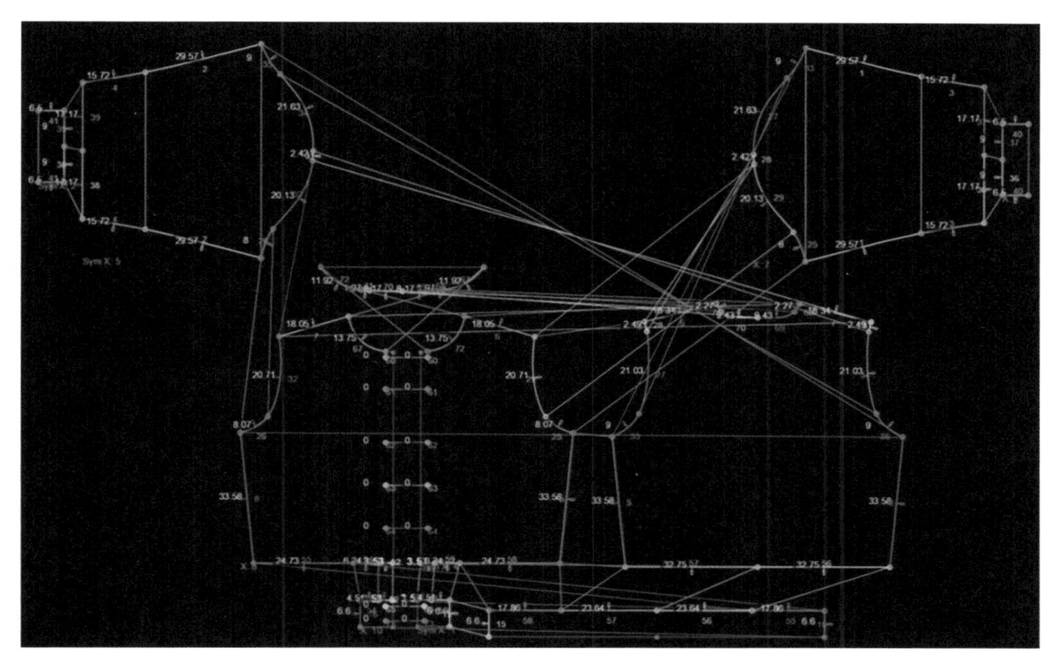

图3-1-7

点击3D窗口中的“ ”，在3D人台上检查缝合线（缝线之间没有交叉），如图3-1-8所示。

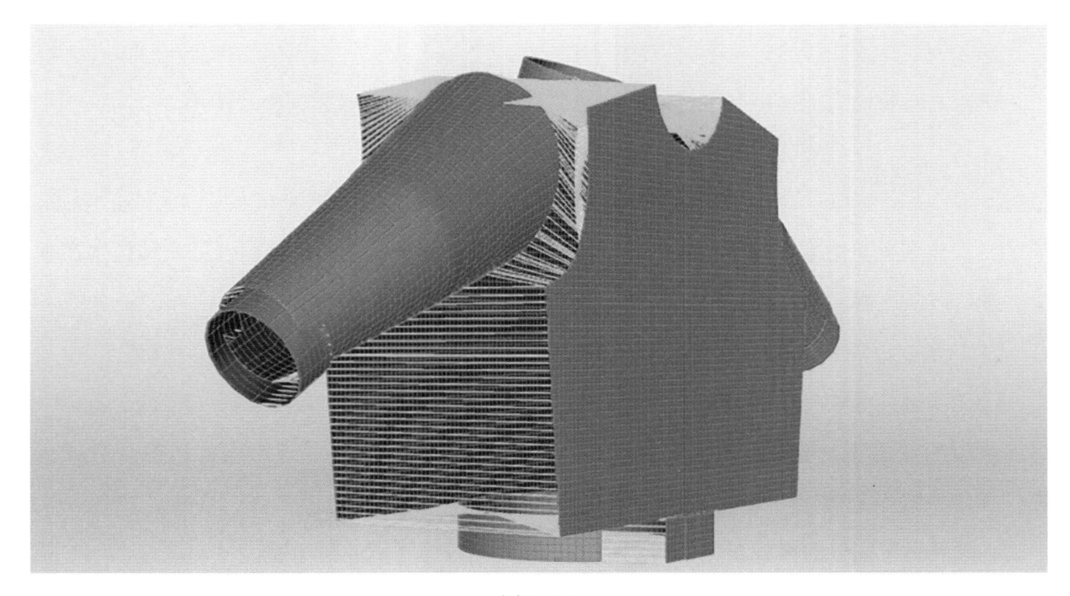

图3-1-8

五、服装试穿与效果调整

（一）服装试穿

待缝合结束后可进行板型试穿模拟，模拟的同时也可以进行缝合线是否正确的检查。

点击3D窗口中“ ”，待“ ”蓝色线条闭合后，初次试穿效果模拟完成，如图3–1–9所示。

图3–1–9

（二）效果调整

（1）初次模拟的效果可能无法达到最满意的效果，可以通过“ ”工具对已经模拟完的效果进行细微调整。可使用“手抓”工具，对服装进行拖拉、按住或烫平等操作。

（2）最终调整的服装效果如图3–1–10所示。

图3–1–10

六、指定材质

该款式服装材质主要用到了面料、缝线、3D物件（扣子）等面辅料及图稿。

（一）面料

（1）休闲夹克主要用到了两种面料：一种是大身和袖子绿色机织面料，另一种是用在领口、袖口以及下摆的螺纹面料。

（2）点击“ ”添加布料，将已经扫描好的面料添加到软件中，如图3–1–11所示。

（3）点击“ ”，将绿色的大身面料指定给板型的前后片、袖片以及门襟的2个小片；将螺纹面料指定给板型的领片、袖口、下摆。面料指定完成效果如图3–1–12所示。

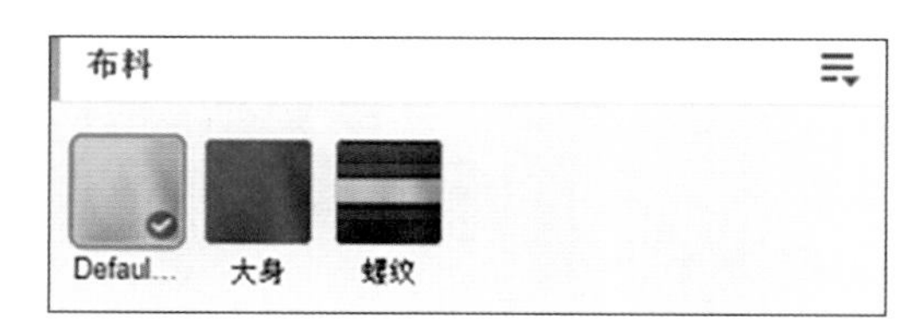

图3–1–11

（4）可通过调整大身面料的高光强度来

表现面料的反光效果，图3-1-13所示是高光设置为10的效果。

图3-1-12

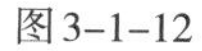

图3-1-13

（二）缝线

点击“≡”添加单针和双针，根据需要指定到板型领口、袖窿、下摆等位置，如图3-1-14所示。

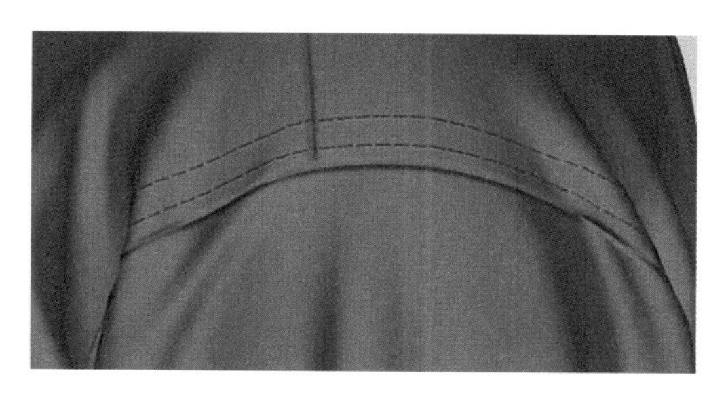

图3-1-14

（三）图稿

（1）添加的图稿为JPEG、PNG、BMP、TIF格式。

（2）该款式的图稿多为镂空的绣花图样，因此需要提前扫描绣花样并进行PS处理，导入的图稿格式均为PNG。

（3）点击“≡”添加所有需要用到的图稿文件，如图3-1-15所示。

（4）根据款式需要将图稿指定到板型合适的位置，根据图稿在3D服装上的效果参考，可使用“控件”调整图稿的位置和大小，如图3-1-16所示。

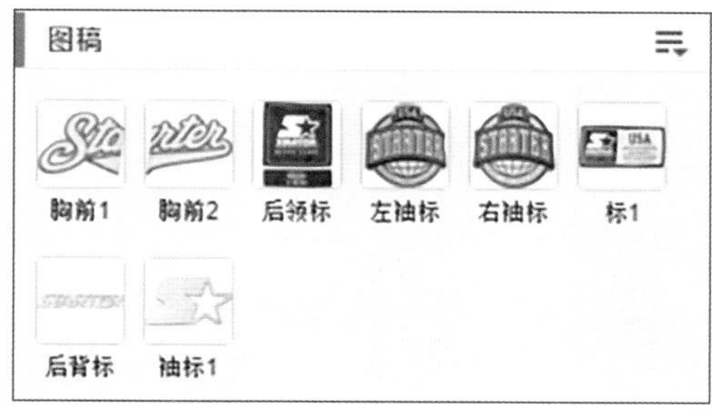

图3-1-15

图3-1-16

（四）辅料

（1）点击“≡”添加3D扣子辅料，在弹出的对话框中设置3D辅料的大小及方向，如图3-1-17所示。

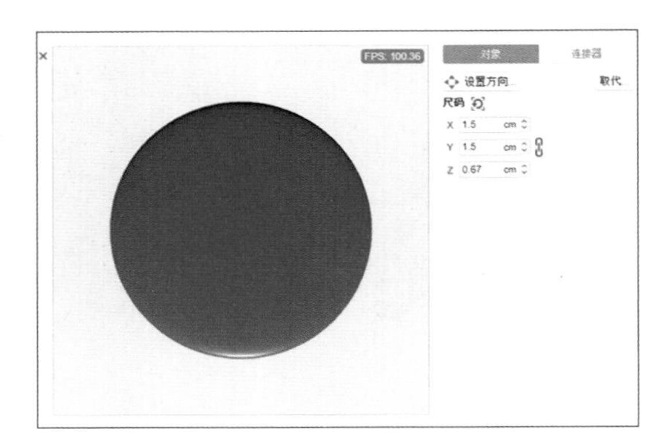

图3-1-17

（2）根据服装设计效果设置扣子颜色及扣子的反光效果，如图3-1-18所示。

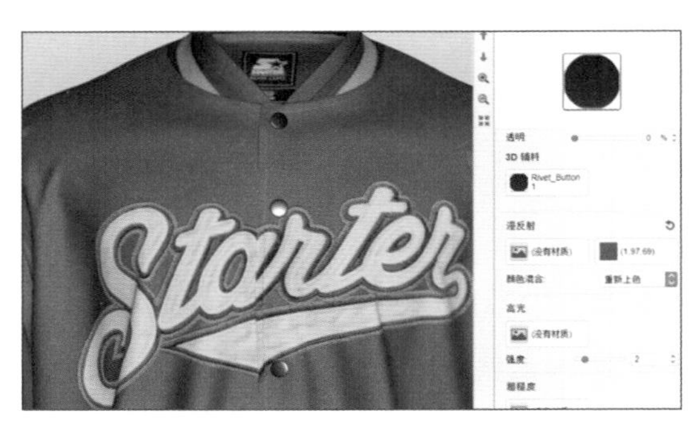

图3-1-18

（3）服装款式最终效果如图3-1-19所示。

图3-1-19

第二节　男装

本节将介绍如何使用VStitcher软件，创建一件男士西服（图3-2-1）。

此款男装制作主要分为以下六个步骤：板型导入与整理→选择人台→板型摆放→板型缝合→服装试穿与效果调整→指定材质。

图3-2-1

一、板型导入与整理

（一）导入板型文件

点击“文件”→“导入”，将弹出打开文件对话框，选择需要导入的板型，如图3-2-2所示。

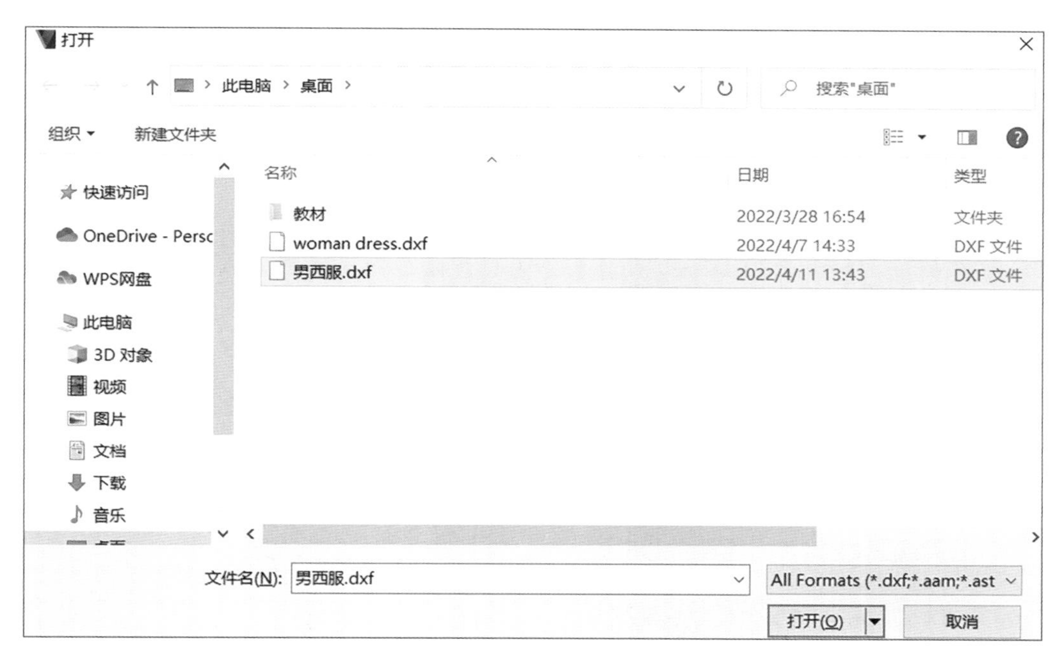

图3-2-2

（二）整理服装板型

（1）在2D窗口中，点击需要旋转或移动的板型，调整板型位置，将垫肩的“3D图层”

改为1，最终板型摆放效果如图3-2-3所示（板型可根据需要及习惯摆放）。

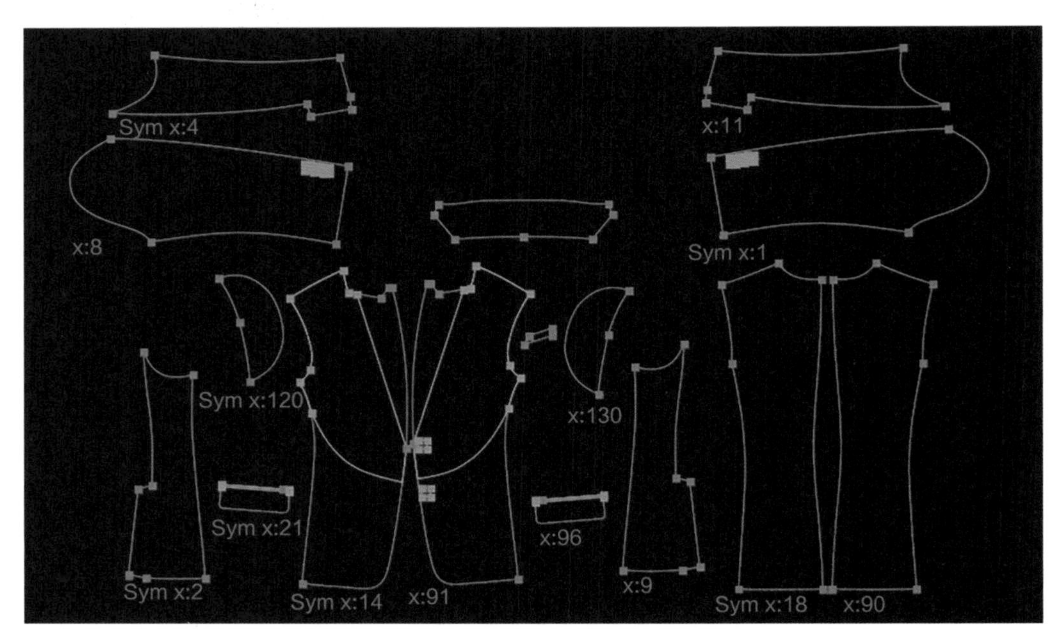

图3-2-3

（2）在前片领口处绘制驳头翻折线，并点击勾选该内部线“翻折”功能，设置翻折效果为“软”，如图3-2-4所示。

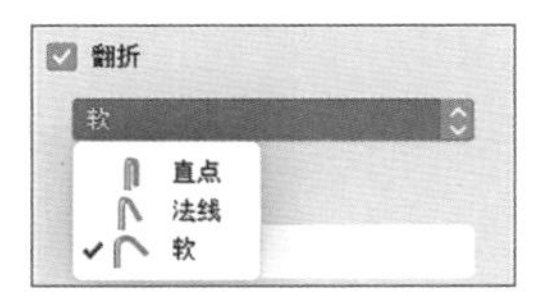

图3-2-4

二、选择人台

点击“3D”→“人台”，在人台列表中选择“man model”人台双击，人台将出现在3D窗口中，如图3-2-5所示。

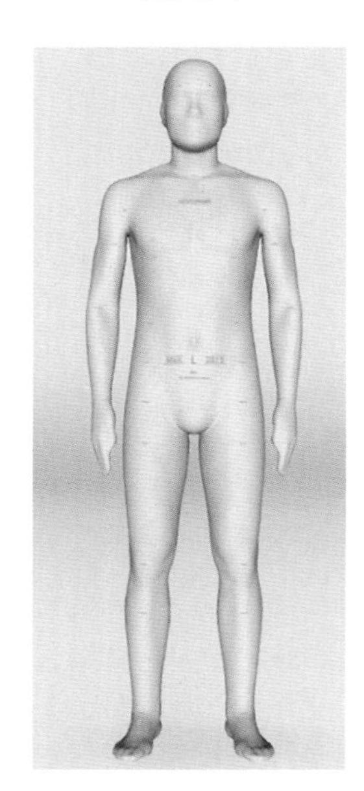

图3-2-5

三、板型摆放

点击“ ”跳转到板型摆放界面，点击并拖动板型到对应的人台示意图上，此款式需要将板型放置在人台的前面、背面、左侧和右侧，摆放效果如图3-2-6所示。

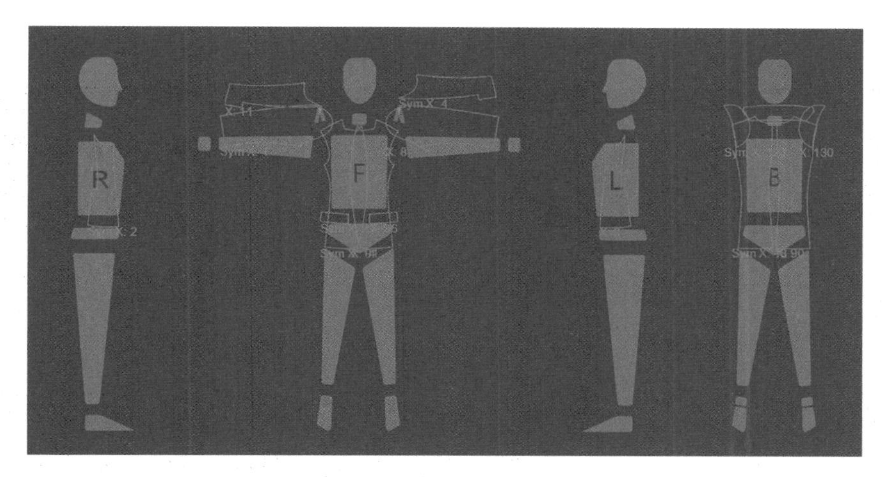

图3-2-6

四、板型缝合

板型摆放完成，就可以进行下一步的缝合工作。此款式我们需要用到的缝合方式有三种：

（1）单边对单边缝合：如大身前后片、侧缝、袖侧缝、肩缝等。

（2）多边缝合：如袖窿、兜盖、领口等。

（3）点对点缝合：如扣位、垫肩。

注意：此男西服为侧开衩款式，侧片的下半段不需要缝合，如图3-2-7所示。

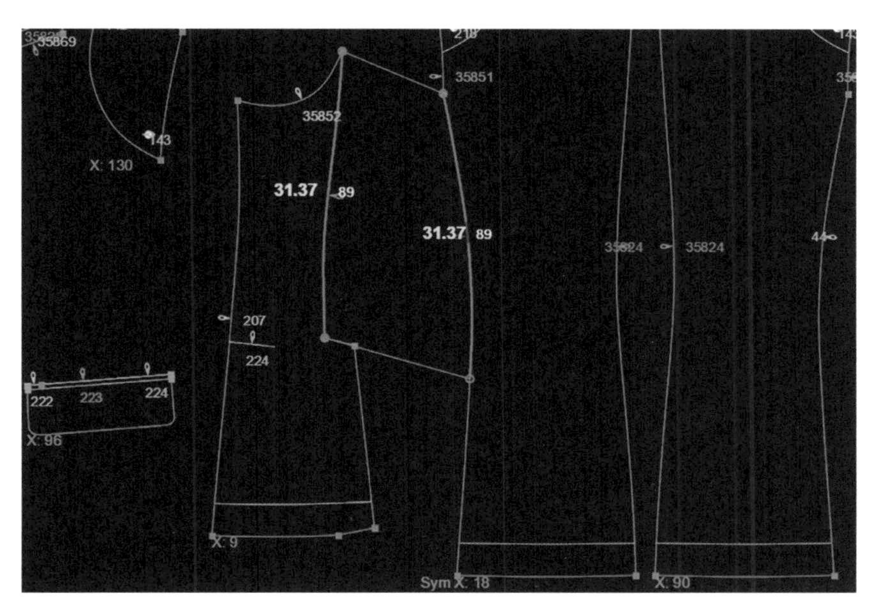

图3-2-7

在2D窗口中，缝合完成效果如图3-2-8所示。

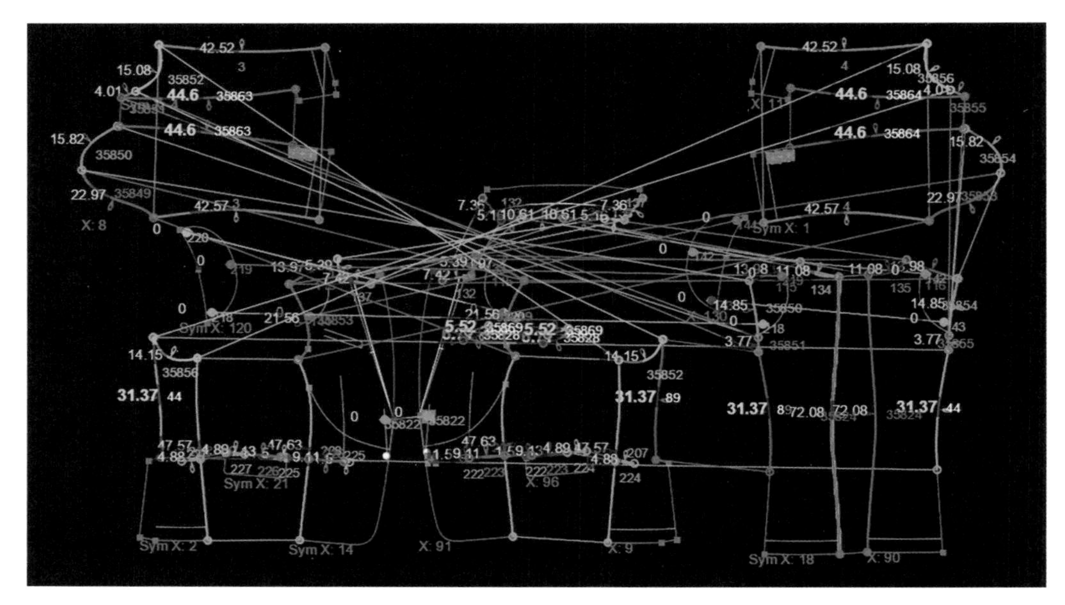

图3-2-8

点击3D窗口中的“ ”，在3D人台上检查缝合线（缝线之间没有交叉），如图3-2-9所示。

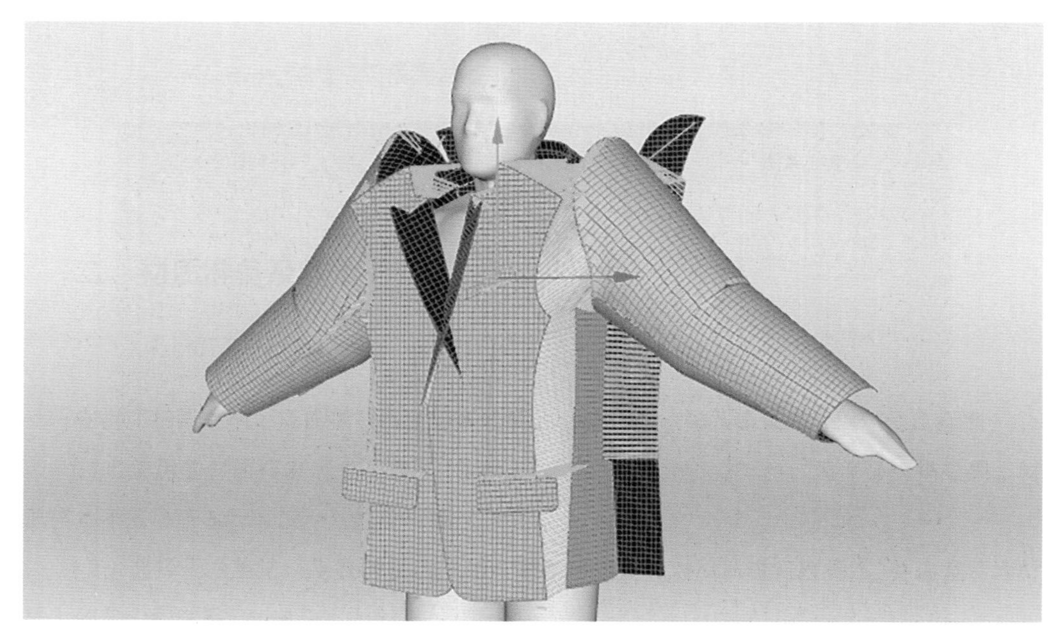

图3-2-9

点击3D窗口中的板型，将显示坐标轴，可根据需要进行旋转或上下、左右、前后移动。

五、服装试穿与效果调整

（一）服装试穿

点击3D窗口中“ ”，待“ ”蓝色线条闭合后，初次试穿效果模拟完成，如图3-2-10所示。

图3-2-10

（二）效果调整

（1）点击“ ”工具，对已经模拟完的效果进行细微调整。使用“手抓”，可对服装需要调整的部位进行拖拉、按住或烫平等操作。

（2）最终调整的服装效果，如图3-2-11所示。

图3-2-11

六、指定材质

该款式服装材质主要用到了面料、缝线、3D物件（扣子）等面辅料及图稿。

（一）面料

（1）点击“ ”添加新面料，在弹出的对话框中选择需要的面料文件，面料将出现在“衣服”的布料栏中，如图3-2-12所示。

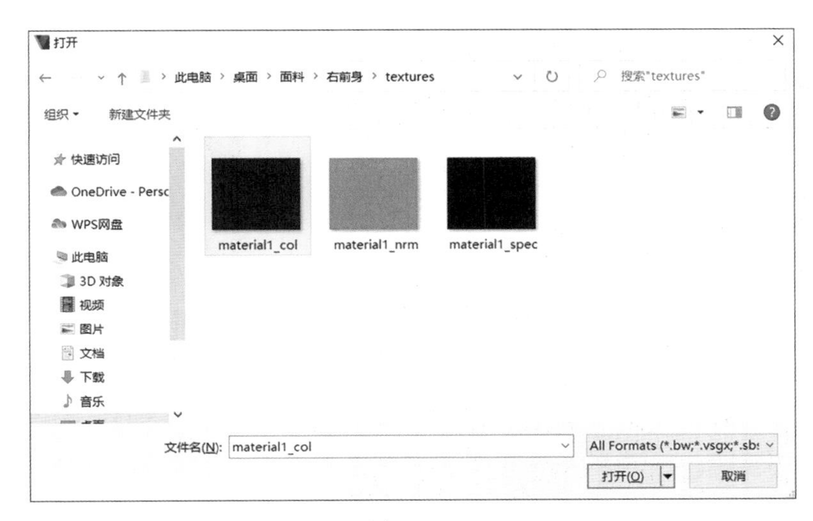

图3-2-12

（2）点击“ ”，将西服面料指定给上衣的所有板型。此时面料属性更换，需要点击“ ”对服装效果重新模拟。

（3）西服的内衬为绸缎类光滑面料，点击布料的“背面”影像，将布料的“漫反射”影像替换为内衬的面料影像，并同时调整高光数值为2，如图3-2-13所示。

（4）面料最终效果如图3-2-14所示。

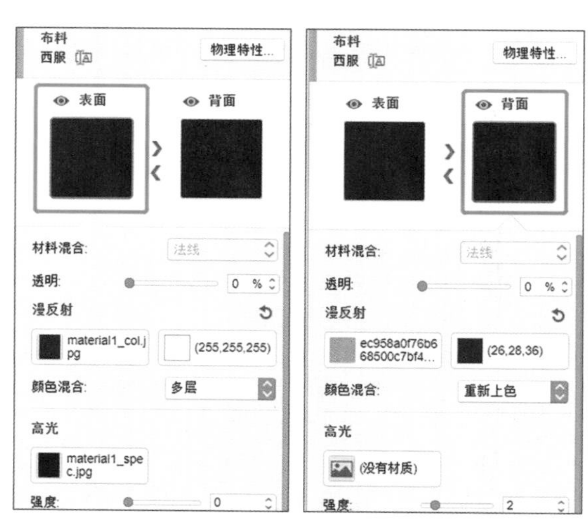

图3-2-13

图3-2-14

（二）缝线

点击“ ”添加单针及阴影线等需要用到的缝线材质，根据需要指定到板型的领口、袖窿、侧缝、底边等板型边缘位置，如图3-2-15所示。

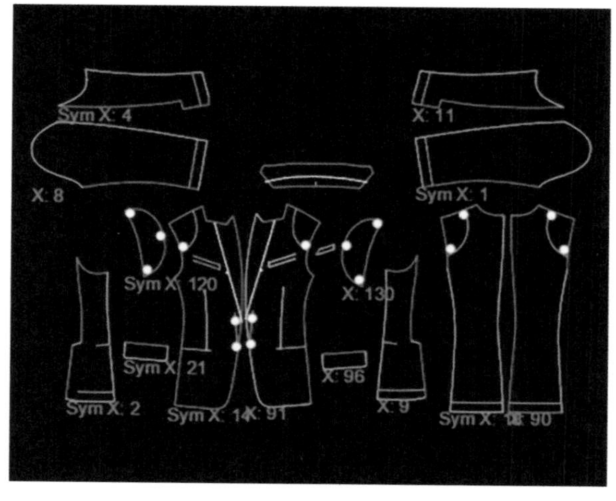

图3-2-15

（三）图稿

单击“≡”添加扣眼的影像，调整扣眼的大小尺寸为“2.5cm”，调整颜色同西服面料。并使用“指定”添加到板型前片扣眼的对应位置，效果如图3-2-16所示。

图3-2-16

（四）辅料

（1）点击“≡”添加3D扣子物件，在弹出的对话框中设置3D扣子的大小尺寸为2cm（门襟），并复制一个扣子，调整大小为1.3cm（袖口），如图3-2-17所示。

（2）调整3D扣子的颜色同大身色，将2cm的扣子指定在西服门襟处，1.3cm的扣子指定在袖口处，如图3-2-18所示。

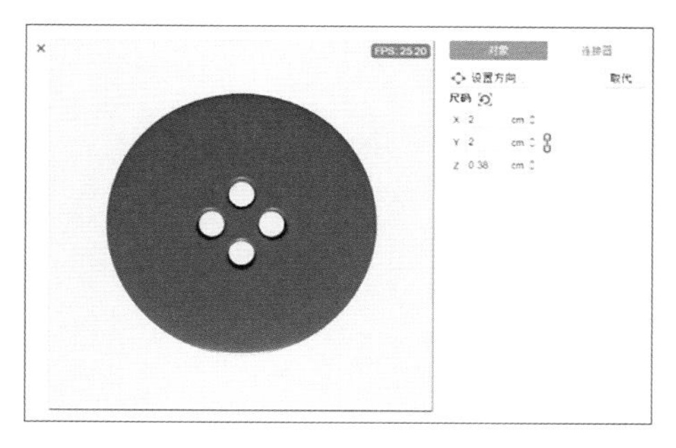

图3-2-17

图3-2-18

（3）服装款式最终渲染效果如图3-2-19所示。

图3-2-19

第三节　冬季服装

图 3-3-1

本节将介绍如何使用VStitcher软件，创建一件冬季服装——羽绒服（图3-3-1）。

该服装制作主要分为以下六个步骤：板型导入与整理→选择人台→板型摆放→板型缝合→服装试穿与效果调整→指定材质。

一、板型导入与整理

（一）导入板型文件

点击“文件”→“导入”，将弹出打开文件对话框，选择需要导入的板型，如图3-3-2所示。

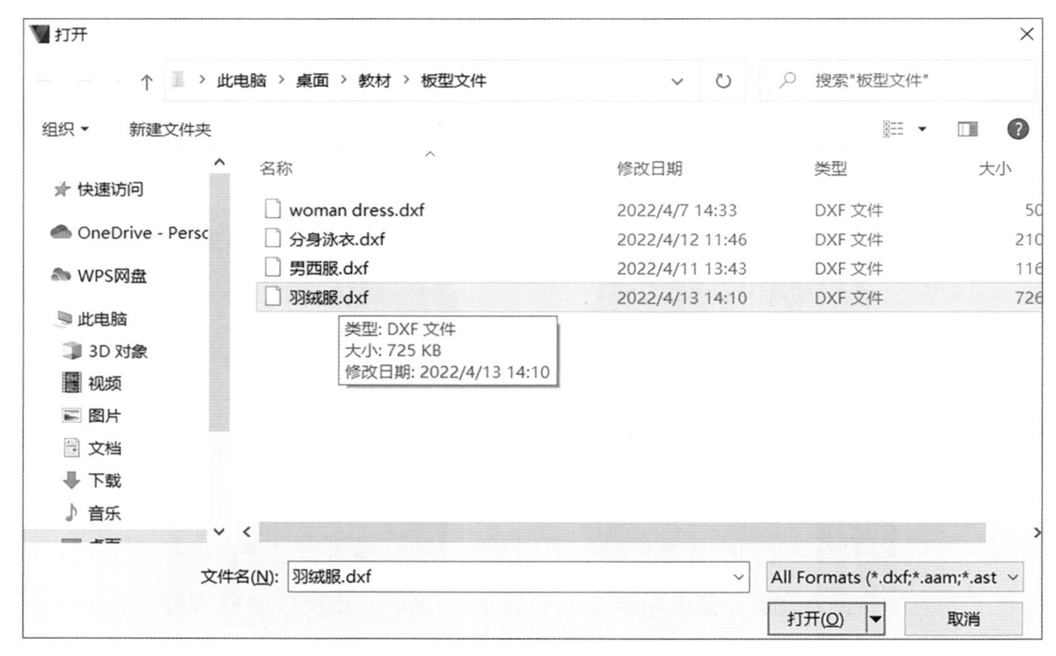

图 3-3-2

（二）整理服装板型

在2D窗口中，点击需要旋转或移动的板型，调整板型位置。将兜片的板型“3D图层”改为3，最终板型摆放效果如图3-3-3所示（板型可根据需要及习惯摆放）。

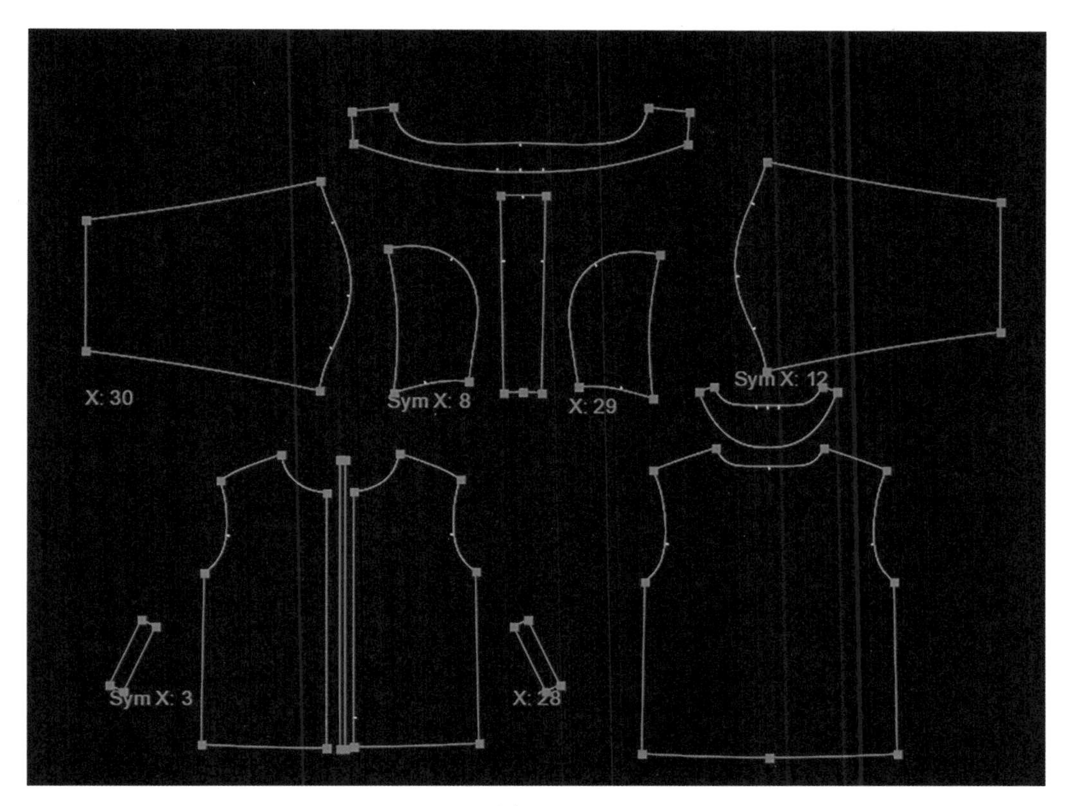

图3-3-3

（三）绘制绗缝线

（1）点击“”工具，在板型前片、后片以及袖片上绘制绗缝线。在对称板型内画线，线段将自动对称。按住键盘“Shift”键可绘制水平或垂直线段。

（2）选择同一板型内的多条内部线，点击“”，将所选线段进行水平或垂直平均分布。

（3）选中所有绗缝线，并勾选线段“粘贴”功能，使内部线与板型边缘相交。

（4）绗缝线绘制最终效果如图3-3-4所示。

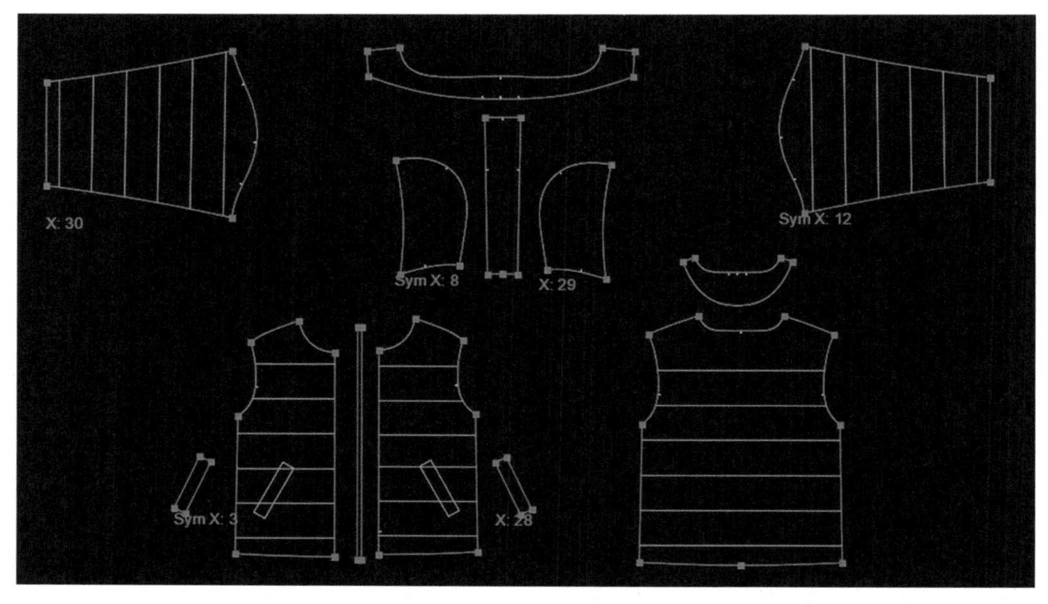

图3-3-4

二、选择人台

点击“3D”标签并点击“人台”，在人台列表中选择“woman model”人台，双击后人台出现在3D窗口中，如图3-3-5所示。

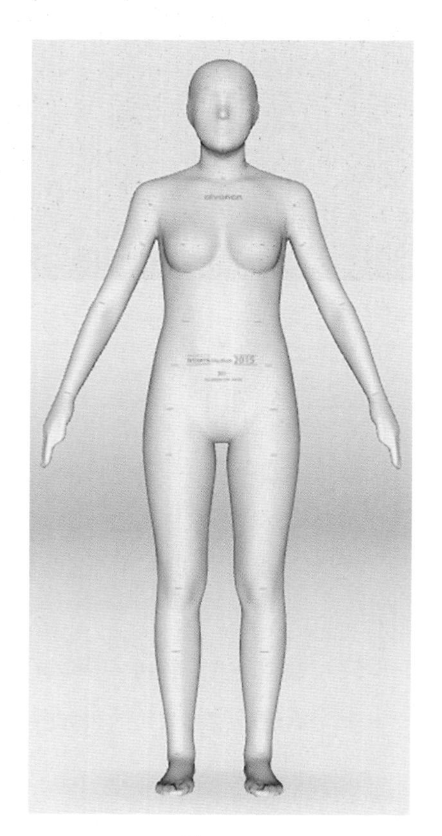

图3-3-5

三、板型摆放

点击“ ”跳转到板型摆放界面，点击并拖动板型到对应的人体示意图上，此款式需要将板型放置在人台的前面和背面，其中帽片需要放置在人台的头部位置，最终摆放效果如图3-3-6所示。

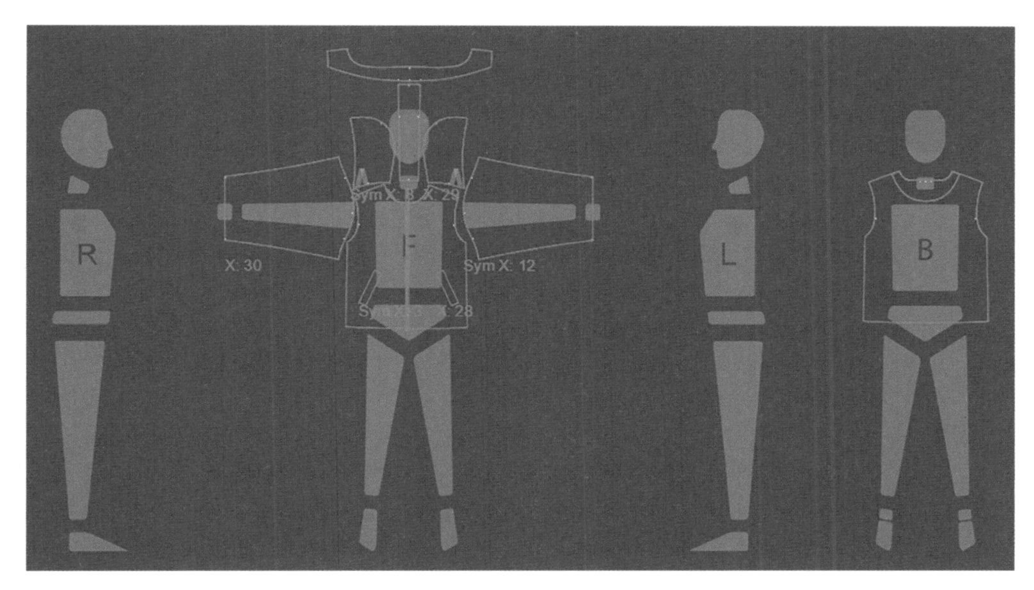

图3-3-6

四、板型缝合

板型摆放完成，进行下一步的缝合工作。此款式用到的缝合方式有单边缝合、多边缝合两种。

在2D窗口中，缝合完成效果如图3-3-7所示。

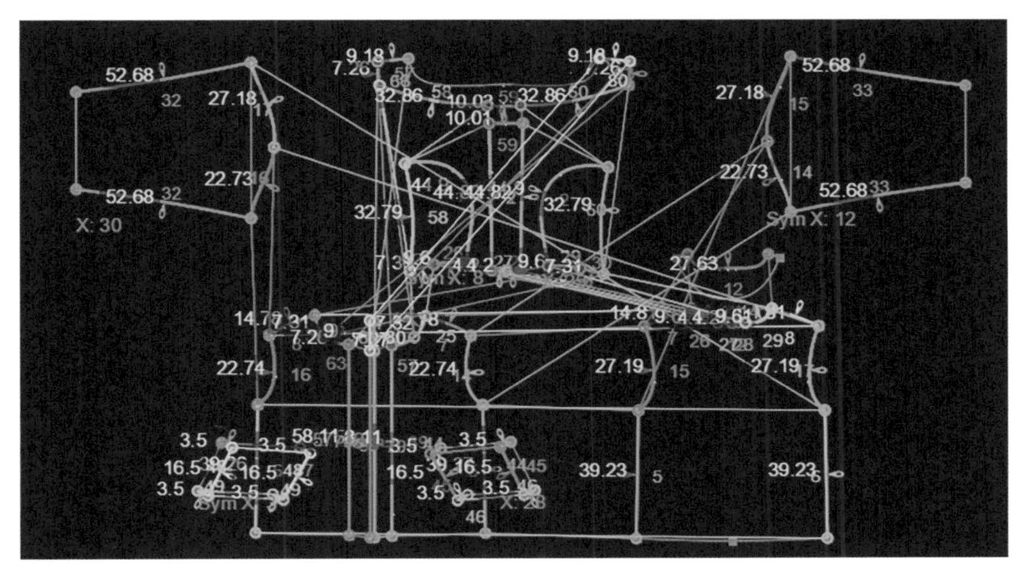

图3-3-7

点击3D窗口中的“准备”，在3D人台上检查缝合线（缝线之间没有交叉）。最终准备效果如图3-3-8所示。

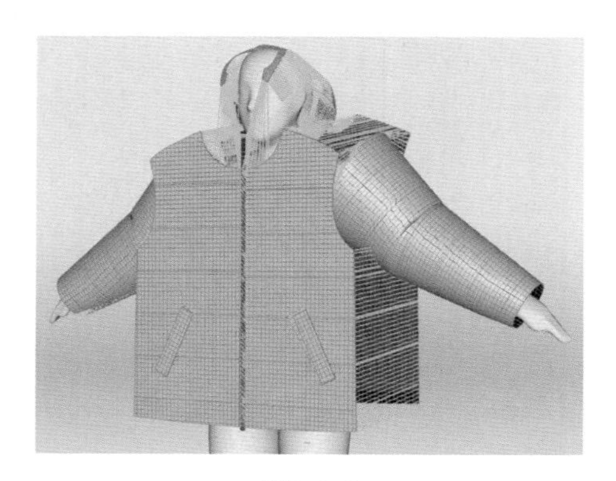

图3-3-8

五、服装试穿与效果调整

点击3D窗口中“试穿”，待“完成”蓝色线条闭合后，初次试穿效果模拟完成，如图3-3-9所示。

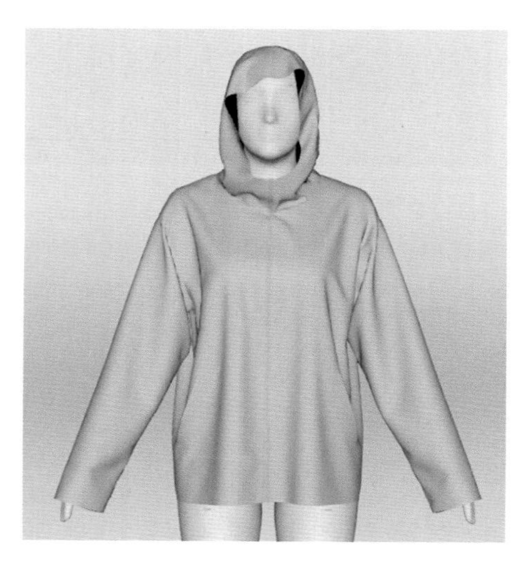

图3-3-9

六、指定材质

该款式服装材质主要用到了面料、缝线、3D物件（拉头）等面辅料及图稿。

（一）面料

（1）点击“材质库”，在材质种类里点击“Woven”，选取合适的梭织面料点击下载，面料将出现在“衣服”的布料栏中，更改名称为“羽绒服面料”。

（2）点击羽绒服缩略图，点击右侧相关视图中的“物理属性”，设置其面料厚度为30mm，同时勾选“蓬松坚固性”，设置数值为3，如图3-3-10所示。

（3）点击“≡”添加拉链影像并将其命名为“拉链”。

（4）点击拉链缩略图，点击右侧相关视图中的“物理属性”，找到种类为“Misc”的类别，并选择一种拉链的物理属性，如图3-3-11所示。

（5）分别点击面料及拉链，设置其颜色以及面料反光效果，使用“指定”将材质指定在对应的板型上。

物理特性
Browzwear ▸ Weaves ▸ Default
100% Default
质量: 300 g/m2
摩擦力: 0.2
厚度: 30 mm
弯曲: 横 100 dyn*cm 直 100 dyn*cm
拉伸: 横 500 N/m 直 500 N/m
拉伸线性度: 横 50 % 直 50 %
斜向深度: 50 N/m
剪切线性度: 50 %
收缩 横 0 % 直 0 %
蓬松坚固性 3 x1000
1 (软) - 1,000 (坚固)
铸模 深度 0 cm 型态 Parabolic
从数据库中还原
完成

图3-3-10

（6）选择所有绘制的内部绗缝线，在“线条属性”中勾选“蓬松”。

（7）面料物理属性更改后，需要对试穿的服装进行再次模拟，服装模拟完成效果如图3-3-12所示。

图3-3-11

图3-3-12

（二）缝线

添加单针、阴影线等缝线材质，根据需要指定到板型的领口、袖窿、侧缝、绗缝线等板型边缘或内部线上，如图3-3-13所示。选中绗缝线，可根据模拟效果适当添加线段的“收缩”数值，以达到较为真实的绗缝压线效果。

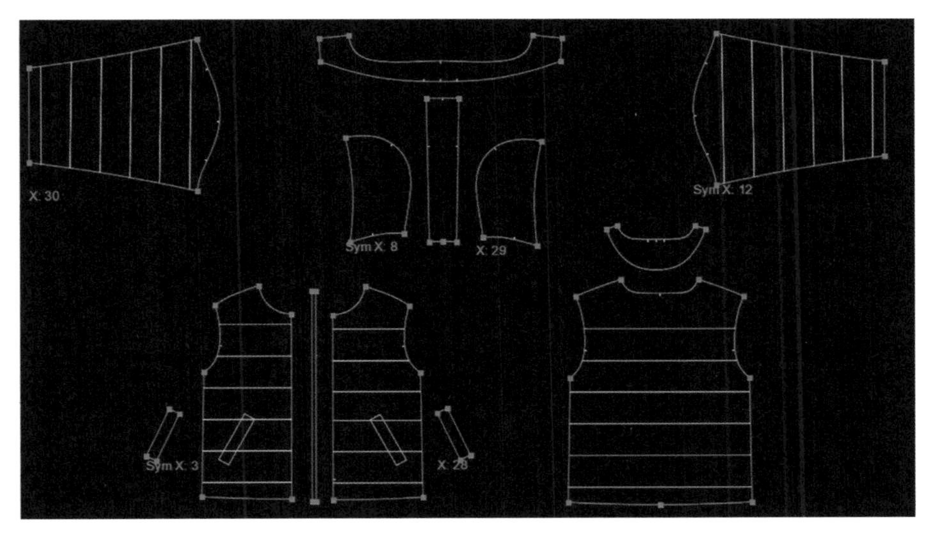

图3-3-13

（三）图稿

（1）点击“☰”，在弹出的对话框中添加图稿文件，如图3-3-14所示。

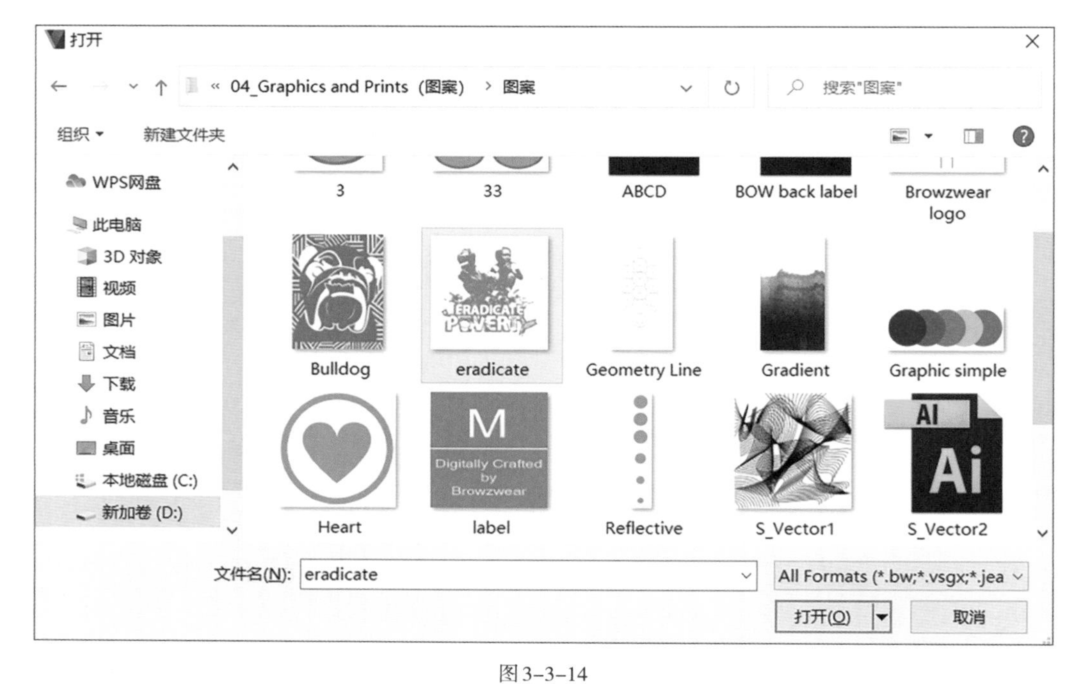

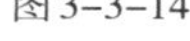
图3-3-14

（2）使用“指定”工具，将图稿指定到板型前片上。因前片分为左右两片，因此图稿需要分别在左右两片上指定。可以使用控件对图稿的大小及方向进行调整，以确保图稿在左右两片上的拼接效果，调整后效果如图3-3-15所示。

图3-3-15

（四）辅料

（1）点击“☰”添加3D拉头物件，设置3D拉头的大小尺寸以及颜色，如图3-3-16所示。

（2）根据拉链修改拉头颜色，将其指定在拉链板型上并调整位置，效果如图3-3-17所示。

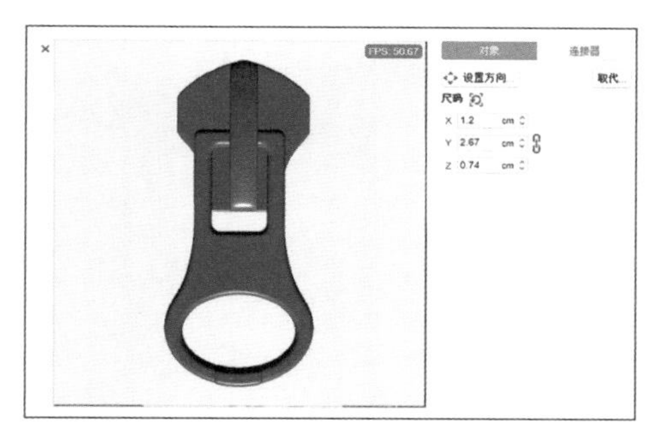

图3-3-16

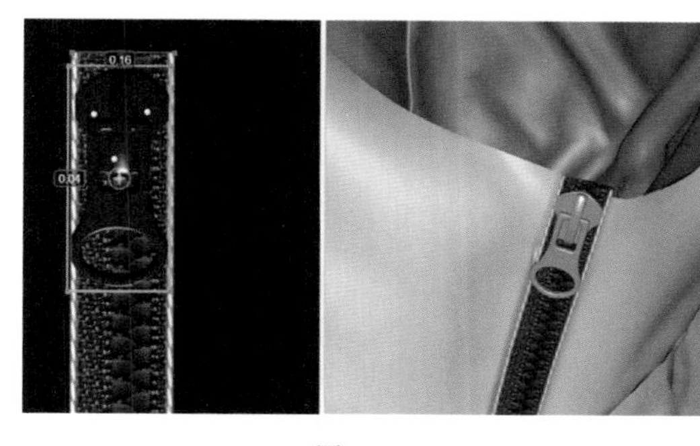

图3-3-17

（3）服装款式最终效果如图3-3-18所示。

图3-3-18

第四章 服装面料数字化

CHAPTER 4

第一节　面料扫描

服装面料扫描是将真实的面料材质通过高分辨率扫描的方式转化为一系列3D数字化图像信息，包括漫反射（Color）、法线（Normal）、金属（Metallic）、粗糙（Roughness）、透明（Alpha）等贴图，如图4-1-1所示。

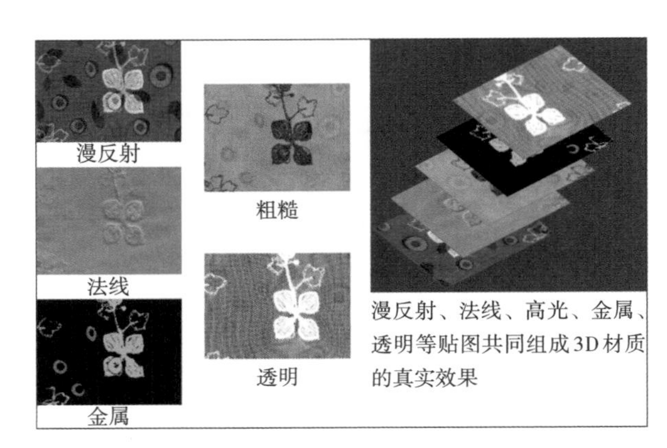

图4-1-1

使用扫描仪进行材质扫描的同时，也能够实时对扫描的材质截取，得到可以无限循环对接的无缝材质，并应用于3D服装软件的服装效果设计环节，从而得到逼真的材质视觉效果，如图4-1-2、图4-1-3所示。

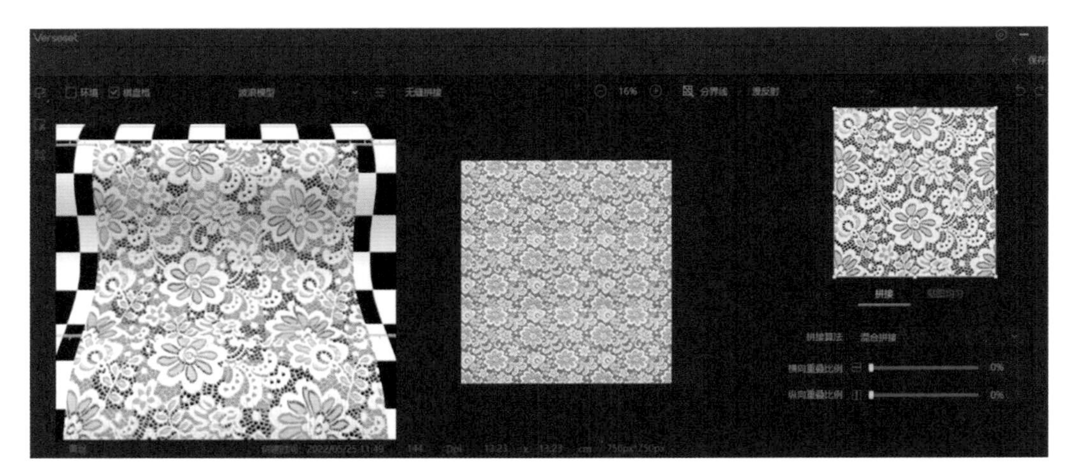

图4-1-2

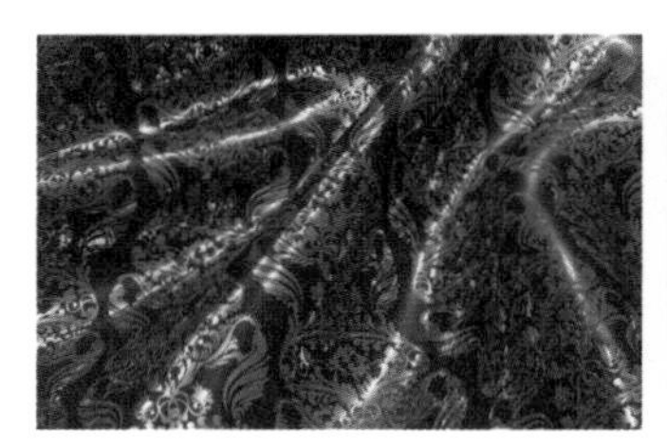
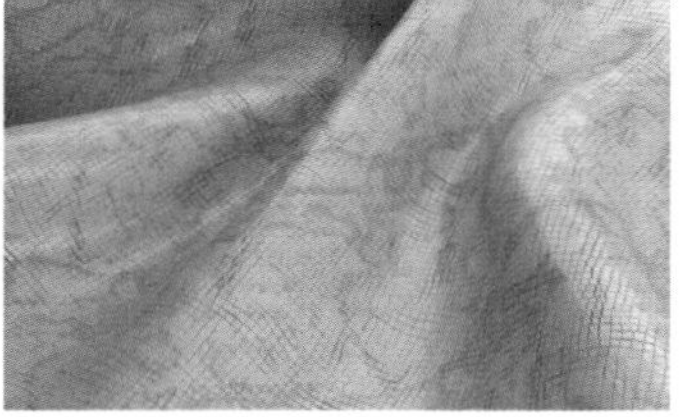

图4-1-3

我们将使用数字材料扫描仪对材质进行扫描，扫描仪的操作主要包含以下四步：第一，设备安装及检查；第二，材质准备及放置；第三，材质扫描及效果调整；第四，3D材质导出。

一、设备安装及检查

（一）电脑配置检查

在使用扫描仪前，请先确认电脑配置符合标准，参考电脑最低配置要求（表4-1-1）。

表4-1-1 电脑最低配置要求

电脑配置	最低要求
操作系统	64 位 Microsoft Windows 10
处理器	Intel（R） Core（TM）i7-9700 CPU
内存	32GB 以上
显卡	NVIDIA GeForce GTX 2060
显存	6GB 以上
磁盘空间	至少预留 5GB 以上可用磁盘空间
显示器	4K 屏幕，如：飞利浦 PHILIPS 278EI/93 需使用 DP 接口或 HNMI2.0 接口

（二）设备连接

扫描仪分为主体机箱、电源线（黑色）及电脑数据连接线（蓝色）。扫描开始前需要先确认电源线、数据线已连接，并开启扫描仪开关（蓝色灯亮起），如图4-1-4、图4-1-5所示。

图4-1-4

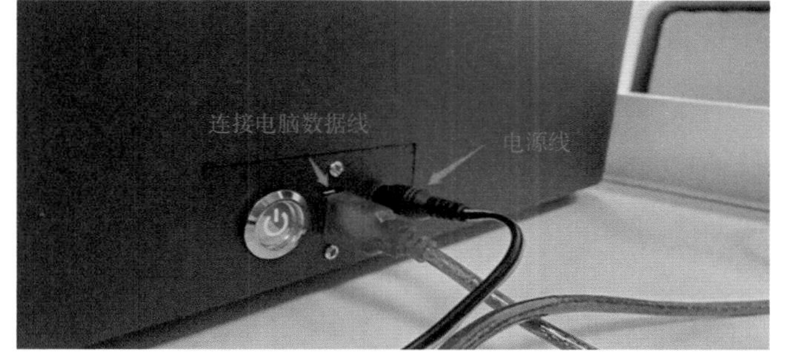

图4-1-5

（三）设备校正

首次使用扫描仪需要先进行相机校正，设备最好每月进行一次相机校正。安装好软件后，扫描仪相机校正分为以下三步，如图4-1-6所示。

（1）点击“开始校正”，然后在扫描仪抽屉正中放入标准白色色卡，点击“下一步”，如图4-1-7所示。

（2）取出白色色卡，然后在同一位置放入对焦卡，点击“下一步”，如图4-1-8所示。

（3）取出对焦卡，关闭抽屉，点击“下一步”，完成校正。

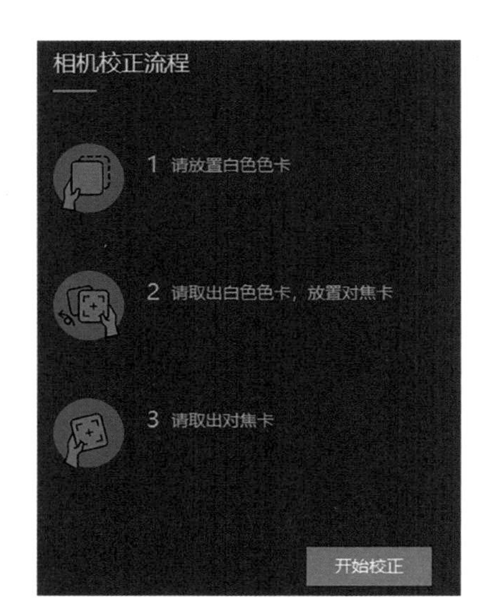

图4-1-6

图4-1-7

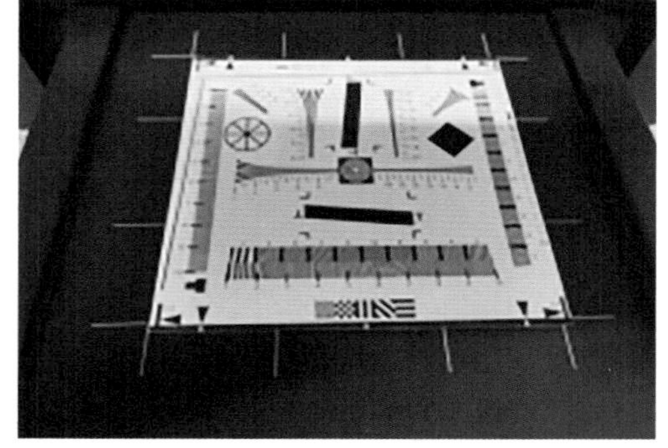

图4-1-8

二、材质准备及放置

（一）扫描材质准备

在材质扫描之前，应先提前准备好所需要的材质样品，样品建议符合以下几点标准：

（1）使用的材质样本尺寸范围是15cm×15cm到20cm×20cm，为保证扫描效果，材质样本不应小于3cm×3cm，厚度不超过9mm。

（2）选择干净整洁、平整的材质（如有需要可用熨斗对材质进行熨烫），并注意清理材质上的灰尘和绒毛。

（3）若材质（特别是半透或镂空材质）上贴有标签或卡纸，需要撕下。

（二）材质放置

拉开扫描仪抽屉，将面料放置于扫描仪抽屉正中间有标线处。如果材料不平整，可使用配套的磁铁条固定材料的边缘区域，如图4-1-9所示。

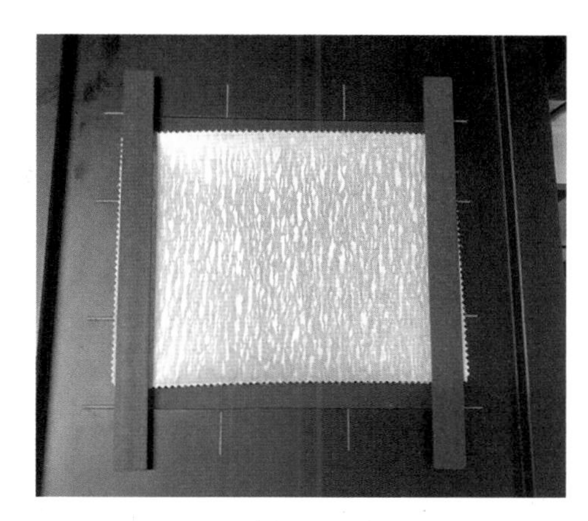

图4-1-9

三、材质扫描及效果调整

（一）材质命名及属性选择

将材质放入扫描仪后，首先需要为材质命名，并选择好材质的类型、是否透明、有无明显凹凸感、金属感等属性。

（二）材质扫描

（1）点击“开始扫描”（材质扫描可能会花一些时间）。

（2）待扫描完成后，点击界面右上角的“无缝拼接”，打开无缝拼接界面，如图4-1-10所示。

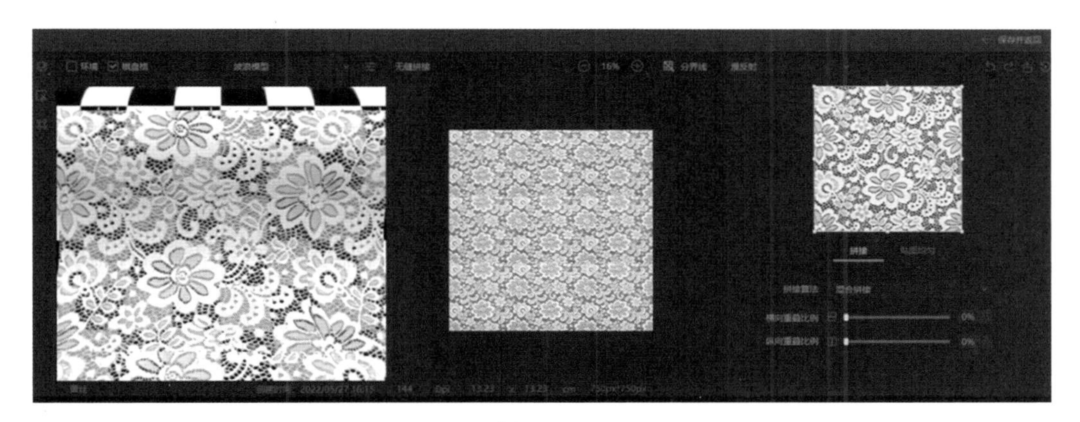

图4-1-10

（3）在右侧无缝拼接界面中，点击拖动鼠标，可选取材质需要的区域，裁去非材质部分。

（4）中间区域显示九宫格的无缝拼接效果，点击“分界线”可以显示每块材质的边缘，如图4-1-11所示。

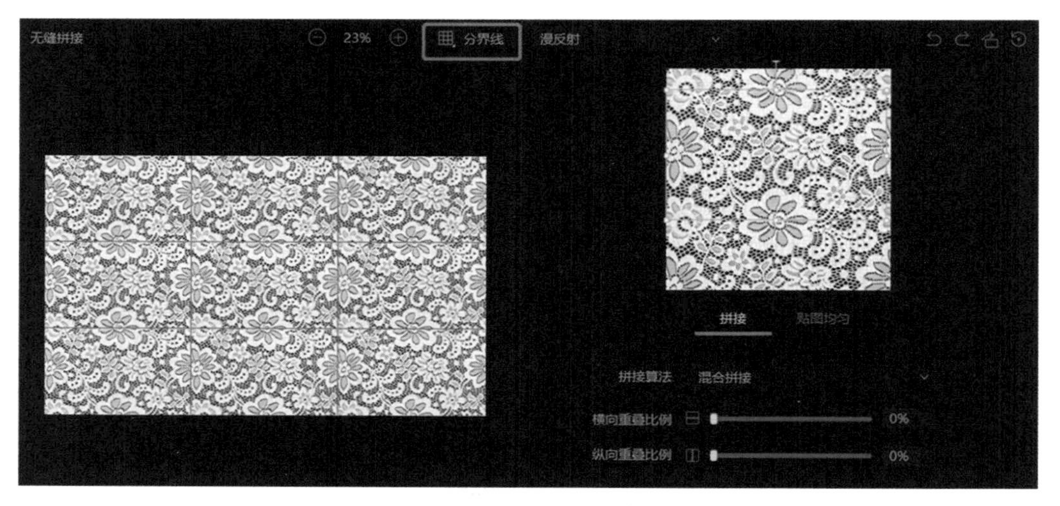

图 4-1-11

（5）如有印花或图案，需要尽量选取一个完整的循环。

（6）在保持纹理完整的基础上，可以微调裁剪框，裁剪掉明显不均匀的部分，图4-1-12、图4-1-13所示为拼接缝明显及调整选框后的效果。

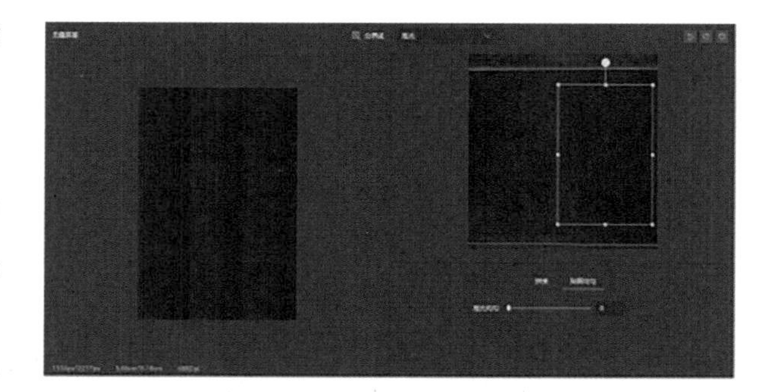

图 4-1-12

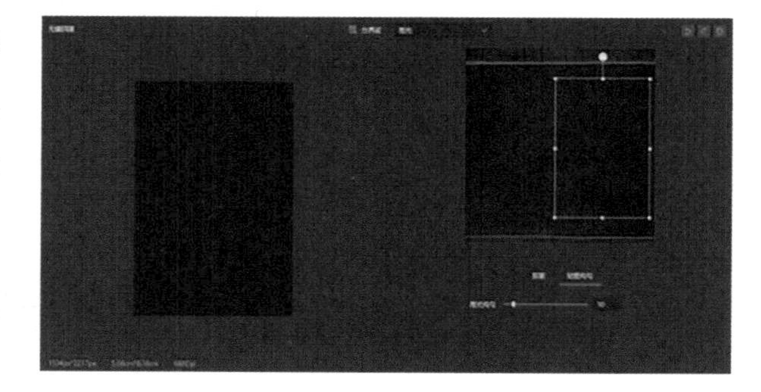

图 4-1-13

注意，由于扫描仪扫描范围有限，一些图案纹理比较大的材质（肌理效果不很明显），可用高分辨率的平面扫描仪扫描后，再将图像导入3D扫描仪软件进行后续的无缝处理。

（三）材质效果微调

拼接效果调整好后，可对材质效果进行微调。

（1）漫反射调整：通过改变漫反射数值来调整材质的呈现效果。多用于需要调整颜色的材质，以确保能够最贴近真实材质的颜色，如图4-1-14所示。

（2）法线效果调整：可拖动法线强度以调整材质纹理凹凸的情况，多适用于需要加强纹理效果的材质，如图4-1-15所示。

（3）高光效果调整：通过改变高光贴图数值来调整材质呈现的高光效果，多适用于皮革、人造革等材质，如图4-1-16、图4-1-17所示。

（4）光泽度效果调整：通过改变光泽度贴图数值来调整材质呈现的光泽度效果，多适用于皮革、人造革等材质，如图4-1-18、图4-1-19所示。

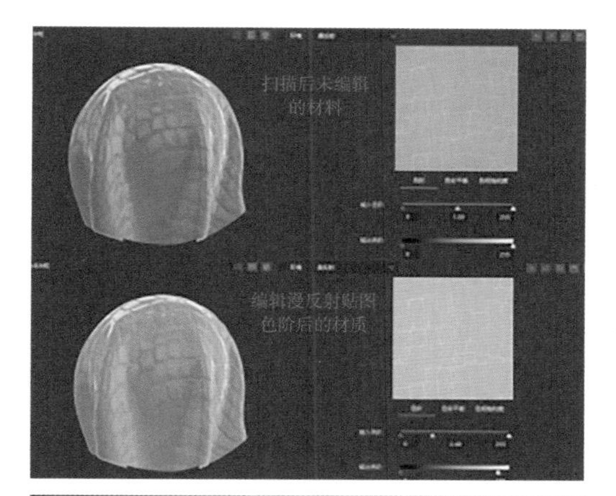

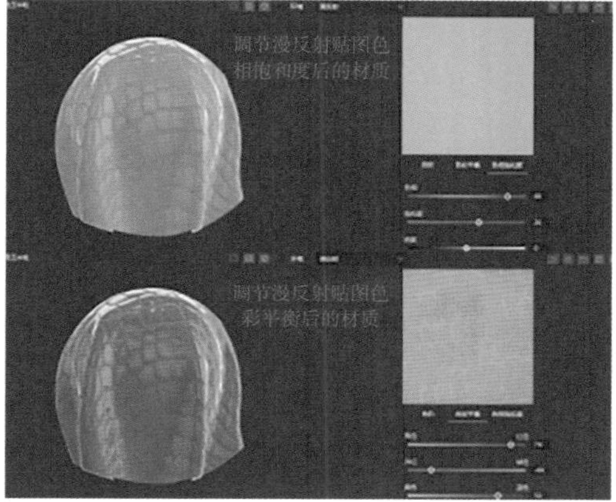

图4-1-14

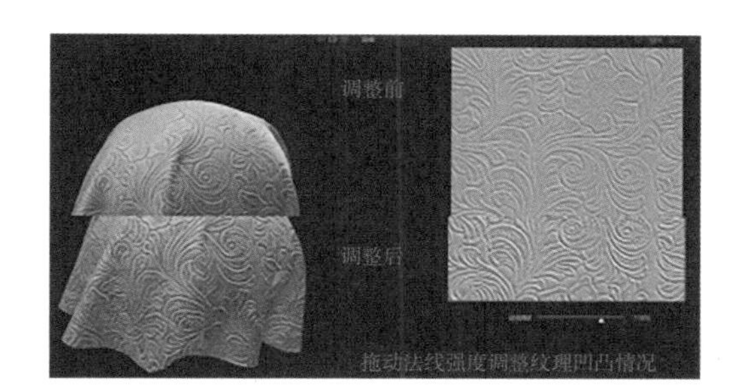

图4-1-15

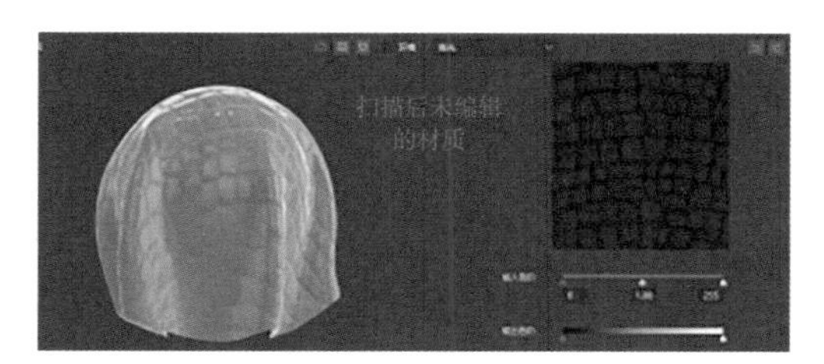

图4-1-16

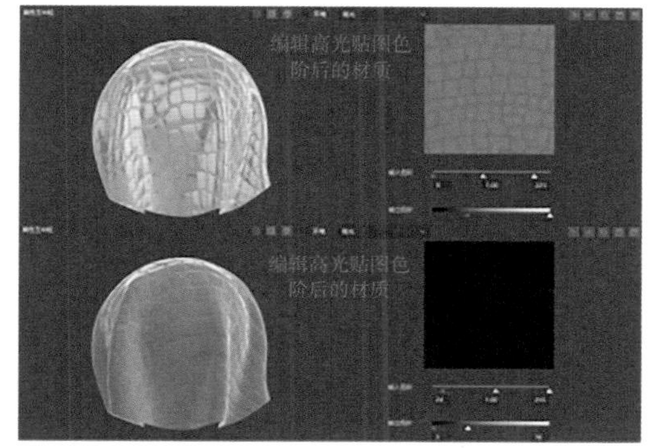

图4-1-17

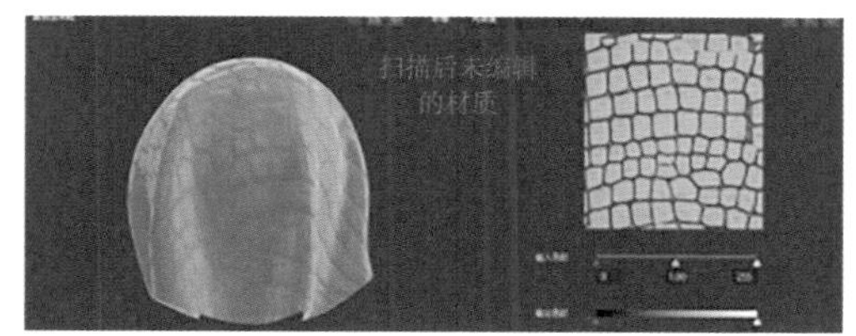

图4-1-18

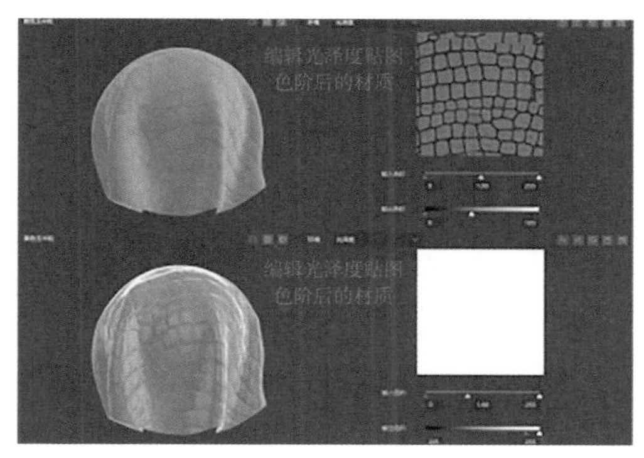

图4-1-19

（5）透明度效果调整：通过改变透明贴图数值来调整材质呈现的透明效果，多适用于透明或半透明材质，如图4-1-20、图4-1-21所示。

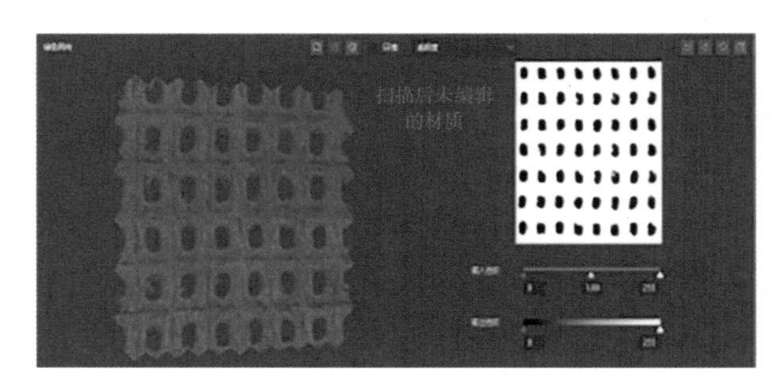

图4-1-20

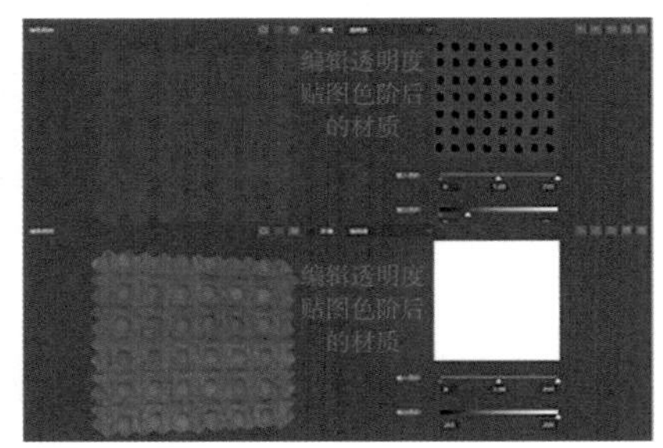

图4-1-21

（四）无缝拼接调整

（1）混合拼接：在选取区域时可能会出现拼接不上的情况，可适当调节横向或纵向重叠比例，如图4-1-22所示。

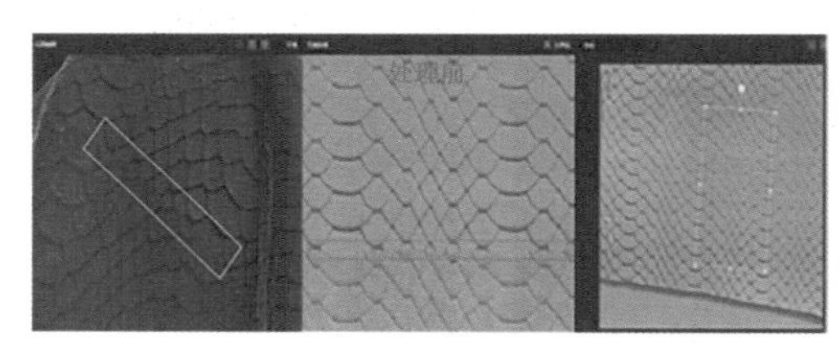

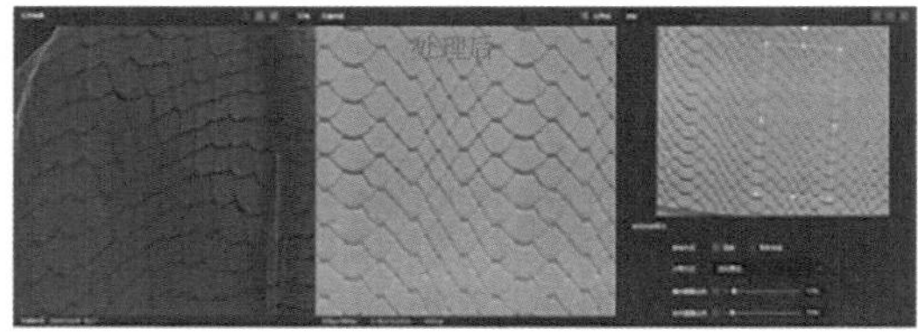

图4-1-22

（2）取样合成：取样合成算法可以使图像明暗不均的部分变得均匀，如图4-1-23所示。

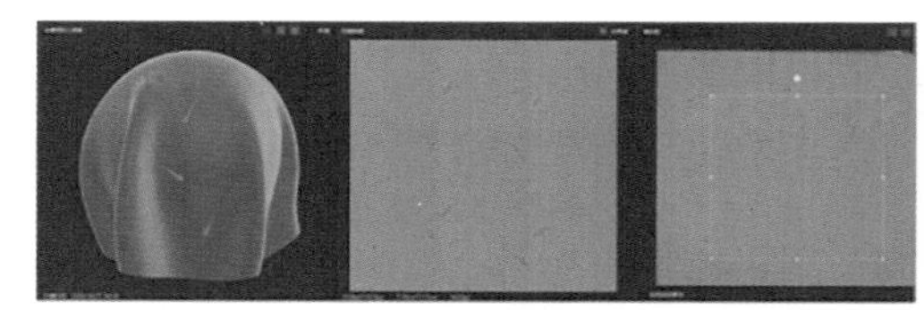

图4-1-23

（3）自动拼接：当材质横向、纵向纹理重复次数大于3时，可适当调节自动拼接数值，如图4-1-24所示。

（4）平行四边形延展拼接：当材质纹理为菱形或椭圆形时，选择平行四边形拼接法能尽可能保持原有材质纹理的角度，如图4-1-25所示。

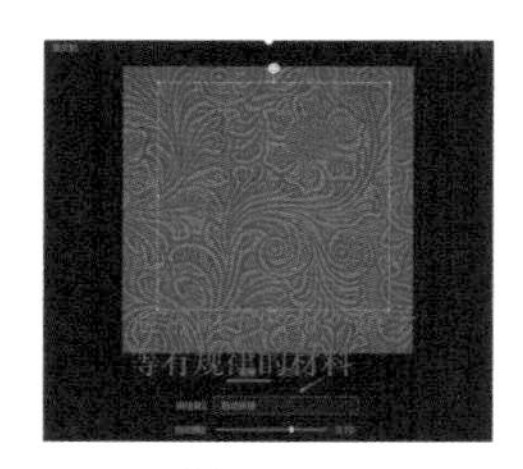

图4-1-24

（5）镜像拼接：选取所需的区域后，选择“镜像拼接”可直接生成镜像拼接图案，如图4-1-26所示。

图4-1-25

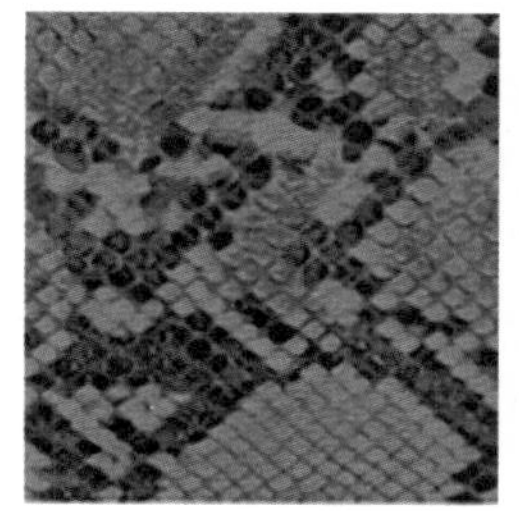

图4-1-26

（五）编辑效果确认

在完成所有编辑及调整后，需要确认处理材质效果，主要分以下两点：

（1）对比真实材质效果：将材质的实物照片与软件中3D材质效果放在同一屏幕中进行对比。主要包括颜色、高光、凹凸感、光滑程度以及透明度等效果。

（2）确认材质无缝拼接效果：无明显的拼接缝痕迹，3D材质效果上没有肉眼可见的纹理重复。

四、3D材质导出

完成所有材质操作后，可以一键导出成3D数字化材质文件。

鼠标右键点击材质，选择“导出”，可导出的材质格式如图4-1-27所示。选择好格式后，点击“确认”即可。

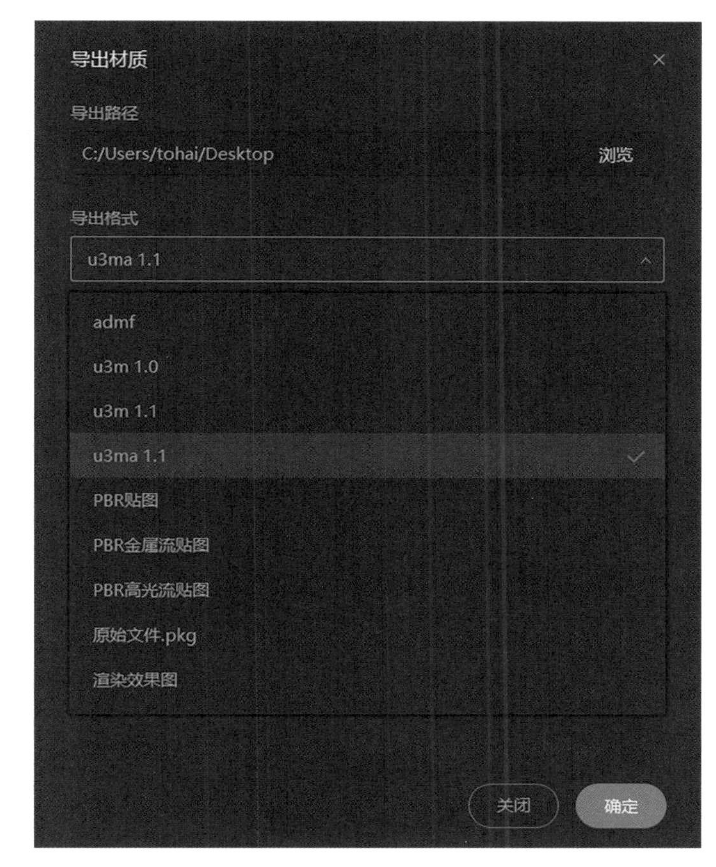

图4-1-27

第二节　面料测试

面料测试是通过对真实面料进行物理性质测试，而得到面料的厚度、弯曲、拉伸等性能的准确数值，并自动将这些数据保存到对应的面料数据库中。在设计制作3D服装效果时，这些数据可直接带入3D软件并应用在3D服装上，从而在3D服装进行模拟试穿时，能够得到更加准确、真实的悬垂及试穿效果，图4-2-1所示为不同面料的试穿效果。

图4-2-1

使用FAB物理性质测试仪对面料进行测试，如图4-2-2所示。

图4-2-2

测试仪的操作主要有以下步骤：第一，测试仪硬件安装；第二，测试仪软件安装；第三，测试仪使用操作。

一、测试仪硬件安装

安装和使用面料物理性质测试仪时，主要用到以下部件，包括测试仪主体机、电源线、USB数据线、大、小垫片（3块）、校准砝码、面料裁剪模板、厚度扩展件，如图4-2-3所示。

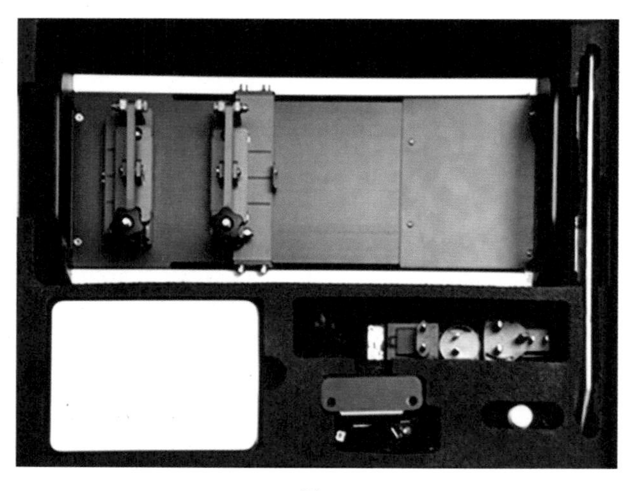

图4-2-3

测试仪各组件名称如图4-2-4所示。

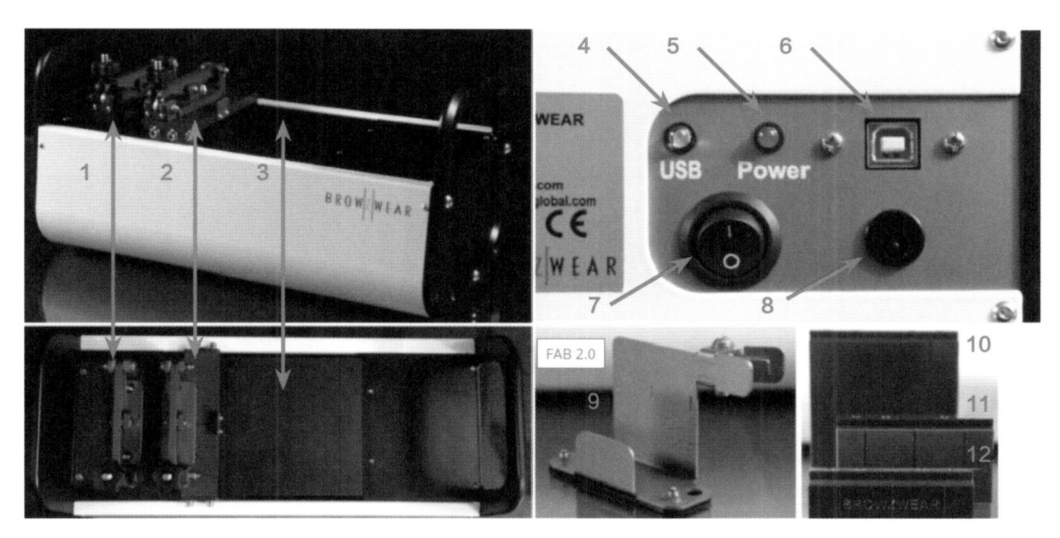

图4-2-4
1—固定臂（带夹具） 2—活动臂（带夹具） 3—底板 4—设备连接指示灯：USB线连接成功时灯亮起 5—电源指示灯：电源线连接成功且开启开关后灯亮起 6—USB端口 7—开关按钮 8—电源插座 9—厚度扩展件 10—方形块 11—定制块 12—窄块

二、测试仪软件安装

（1）安装测试仪软件，电脑需要符合软件安装条件，详见表4-2-1。

表4-2-1 测试仪软件安装条件

电脑配置	安装条件
CPU	i3、i5、i7 处理器或更高
系统	64 位 Windows10
RAM	4GB 或以上
磁盘空间	256GB 或以上
硬件	至少一个 USB 接口

（2）下载“DB Admin”数据库软件安装包，并根据提示安装，如图4-2-5所示。

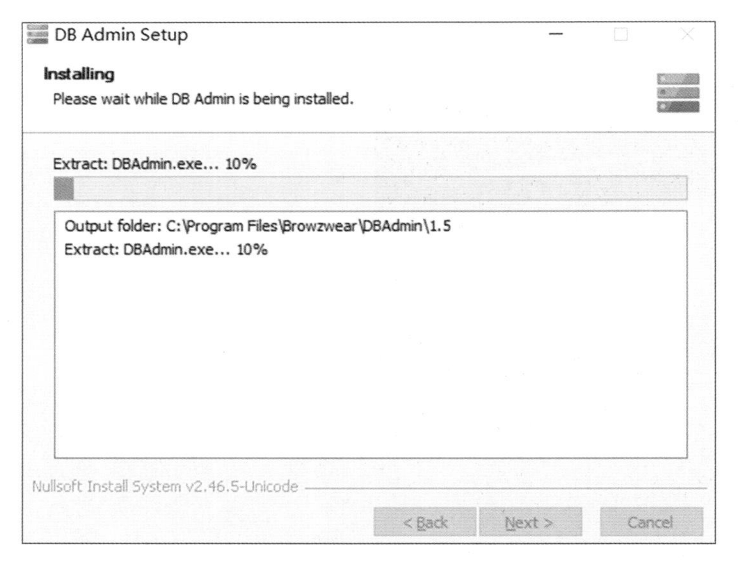

图4-2-5

三、测试仪使用操作

（一）面料准备

注意，如果两块面料的结构和重量很相似，只需要测试一块，且得到的数据也可应用于另一块。不建议使用测试仪测试极厚、极滑和极硬的面料。不要用已经测试过的面料再次测试。

（1）准备一块面料，用熨斗进行低温熨烫，确保不会破坏面料，确保面料平整且无褶皱。

（2）将烫好的面料正面朝上，分别裁剪并标记上经向、纬向、斜向45° 角的三块布条，尺寸为5cm×30cm，如图4-2-6所示。

（3）分别将三块布条称重并取平均值，数值可精确到小数点后2位并记录数值（图4-2-7），也可直接参考面料厂商所提供的面料克重数据。克重单位为g/m^2。

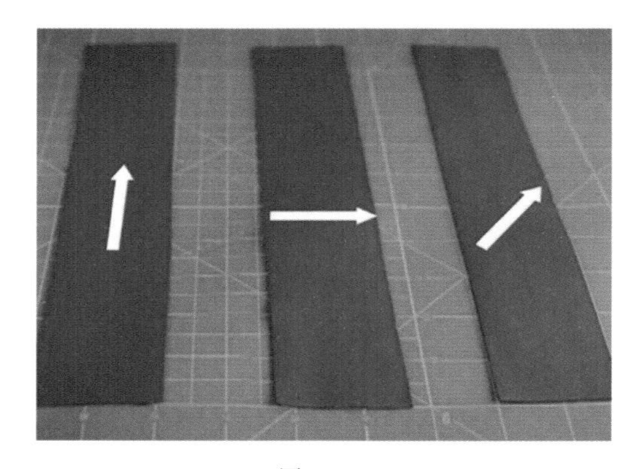

图4-2-6

图4-2-7

（二）面料测试

（1）双击面料测试软件，打开面料数据库界面，如图4-2-8所示。

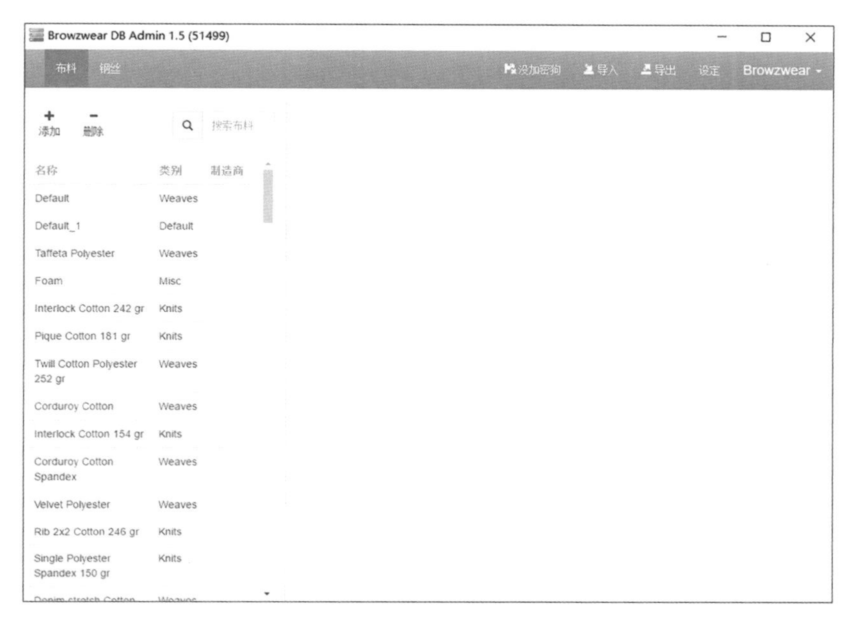

图4-2-8

（2）界面右上角的菜单可选择不同的面料数据库；左侧竖向列表中为当前数据库内已有的面料数据，如图4-2-9所示。

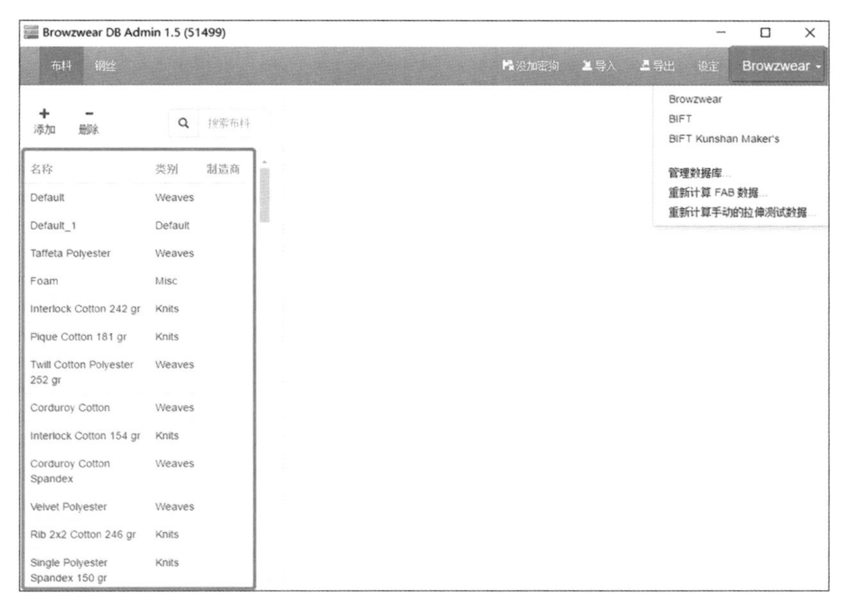

图4-2-9

（3）点击“添加”，界面将显示新面料所有可添加的数据，如图4-2-10所示。

图4-2-10

（4）在“基本资料”中，“名称”和“类别”为必填项，其余为选填项，如图4-2-11所示。

图4-2-11

（5）在“布料成分”中添加面料纤维成分。选择纤维成分，再输入对应百分比数值；如有多种纤维构成，可点击“添加纤维”。注意所有纤维百分比相加等于100%，如图4-2-12所示。

图4-2-12

（6）可在“质量”栏中直接输入面料厂商提供的克重数据，然后点击“使用FAB”。

（7）将仪器的夹子闭合，点击“开始”，仪器进行自动校准。

（8）点击“质量计算”（如果没有可以参考的克重数据），则需要输入测量的克重和长宽数值，点击第一个“计算”得到平方米面积；点击第二个“计算”得到最终克重数值，如图4-2-13所示。

（9）点击“下一步”进入厚度测试。点击窗口中的“开始”，使仪器回到初始位置，抬起仪器的夹子，将布料缠绕在活动臂上，穿过夹子下方，将多余的布料卷起放于活动臂上。然后点击“开始”，仪器将向中间靠拢并开始测试面料厚度，出现“下一步”时测试完成，如图4-2-14所示。

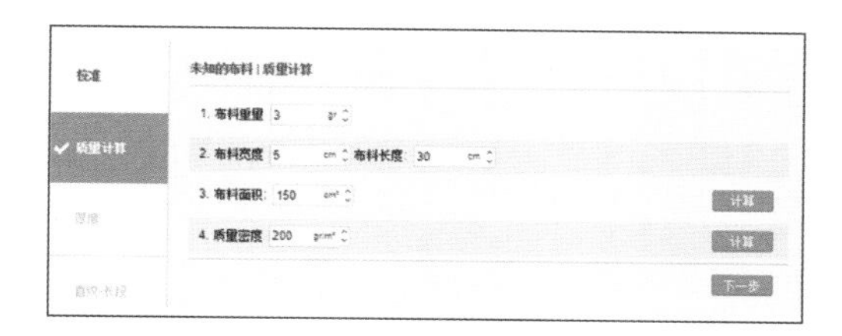

图4-2-13

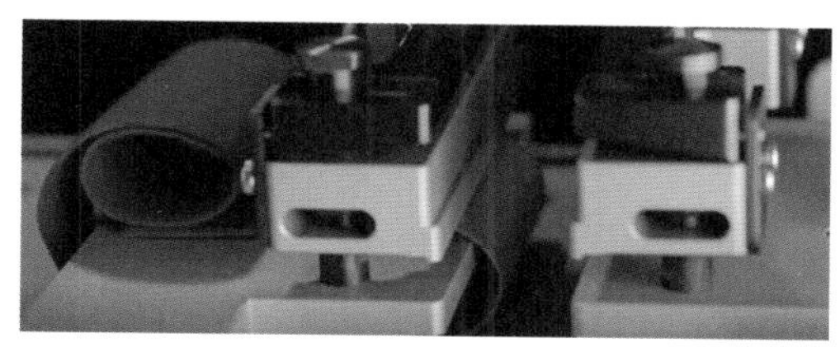

图4-2-14

（10）取走面料后，点击“开始”即准备测量长段面料（径向面料）。将大号垫片放于两臂之间，凹槽位于活动臂下，垫片放置如图4-2-15所示。

（11）垫片上有引导线，需要与夹具上的引导线对齐，如图4-2-16所示。

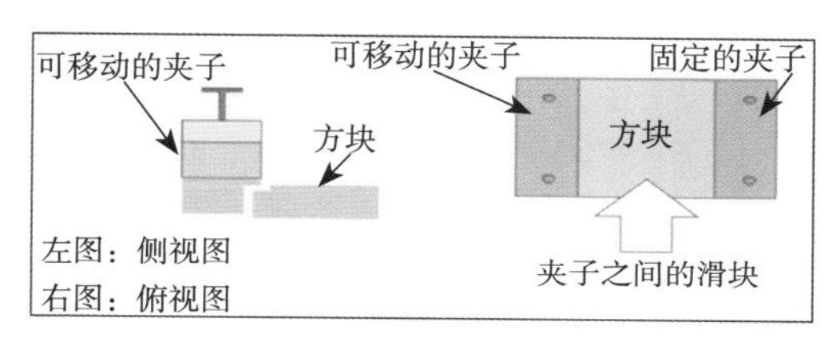

图4-2-15

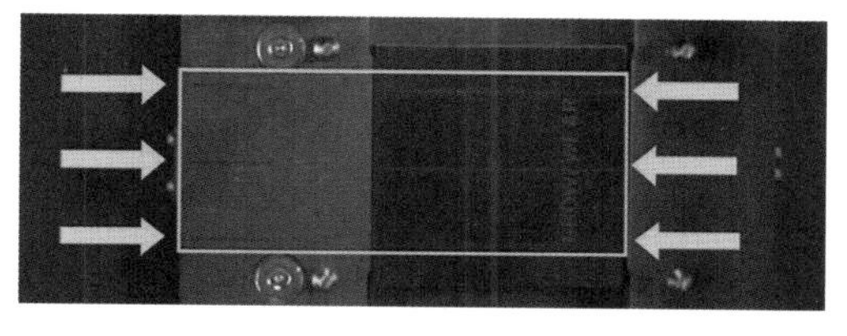

图4-2-16

（12）将面料的一端放于两臂下，关闭夹子并拧紧，拿走垫片，并确认电脑上的力指示器指针处于中间的位置，然后点击“开始”进行测试，待测试完成后点击“下一步”。

（13）拿下面料，点击“开始”仪器进行位置调整，调整后将小号垫片放于仪器两臂之间。根据上一步骤，将同一块面料未测试的另一端放于两臂下，进行短段测试。关闭夹子并确保力指示器指针处于中间位置后，取下垫片，垫片放置如图4-2-17所示。

（14）根据电脑屏幕显示，用笔将中间的面料轻轻向上抬起以方便测试，然后点击“开始”，如图4-2-18所示。

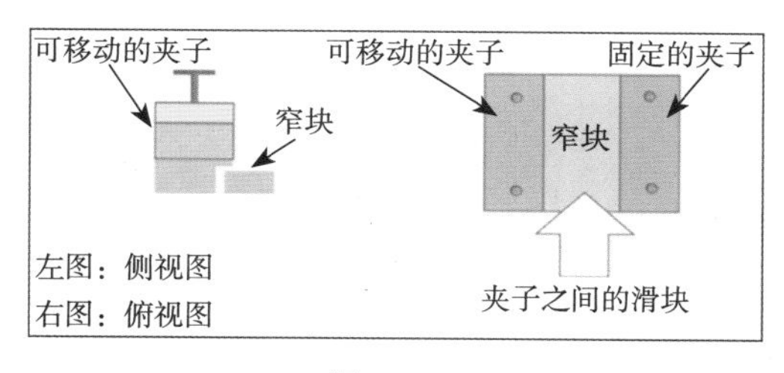

图4-2-17

图4-2-18

（15）完成后再用笔将面料轻轻向下压，并点击“开始”，待测试完成后点击“下一步”。

（16）后面将对纬向及斜向面料重复进行（10）～（15）的步骤操作，待所有步骤完成后点击“保存”。

（17）此时界面显示回到最初数据库管理界面，所有测试完成的数据也会同步显示在数据库中。点击“保存”，将该面料各项数据存储在数据库中，如图4-2-19所示。

（18）已经测试并保存的面料数据将同步显示在VStitcher的面料物理性质列表中。

图4-2-19

第三节　面料数字化应用

数字化面料的影像和物理性质共同决定了3D数字化服装模拟效果的逼真程度和准确性，二者缺一不可。因此，我们在创建3D服装的过程中需要将面料影像与其对应的面料物理性质相匹配，再指定到对应的服装板型上，从而达到更加真实和理想的服装试穿效果。

例：使用扫描仪扫描面料，制作无缝材质，“面料1”为紫色条格，“面料2”为黑色网格，如图4-3-1、图4-3-2所示。

图4-3-1

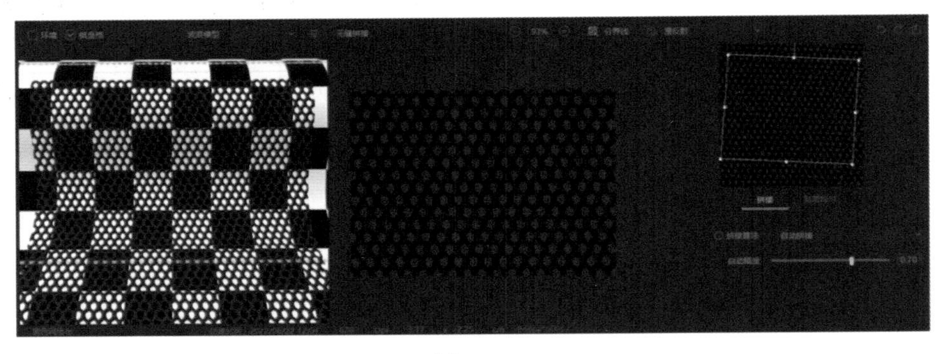

图4-3-2

保存无缝面料并导出为“u3ma”材质格式。此格式包含了所有该材质的漫反射、法线、高光、透明、金属等一系列贴图。

（1）在VStitcher软件中直接添加两块制作好的无缝面料，如图4-3-3所示。

（2）添加的面料材质，其所有贴图将一并显示在软件的布料属性栏中，如图4-3-4所示。

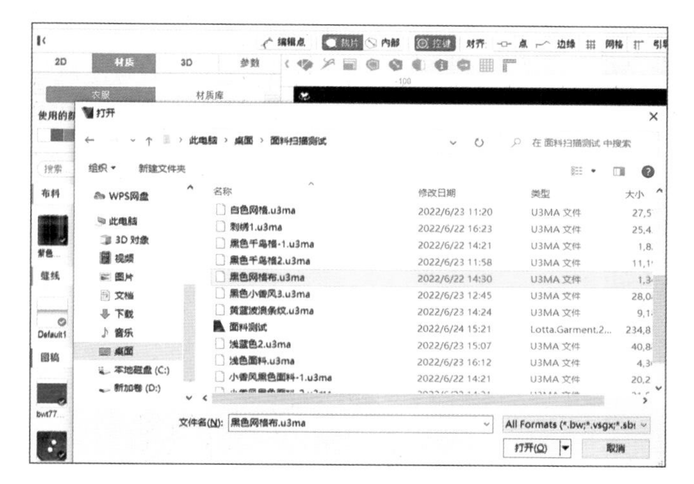

图4-3-3

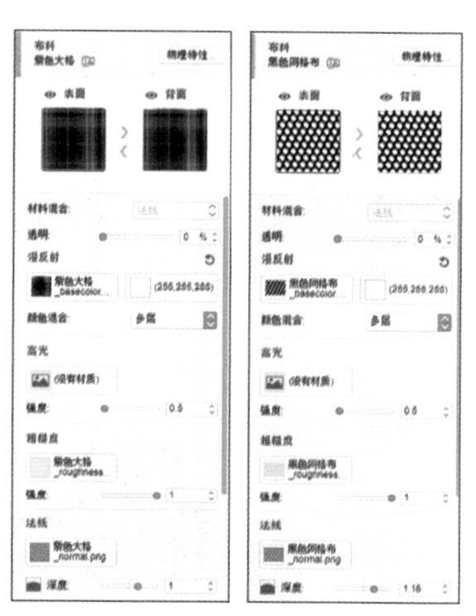

图4-3-4

（3）点击“物理特性”，找到与材质对应的物理特性，然后将材质指定到对应板型上并试穿，如图4-3-5所示。

图4-3-5

（4）服装最终试穿效果如图4–3–6所示，面料实际拍摄效果如图4–3–7所示。

图4–3–6　　　　图4–3–7

以下为应用3D数字化面料的部分服装款式效果案例，如图4–3–8、图4–3–9所示。

图4–3–8

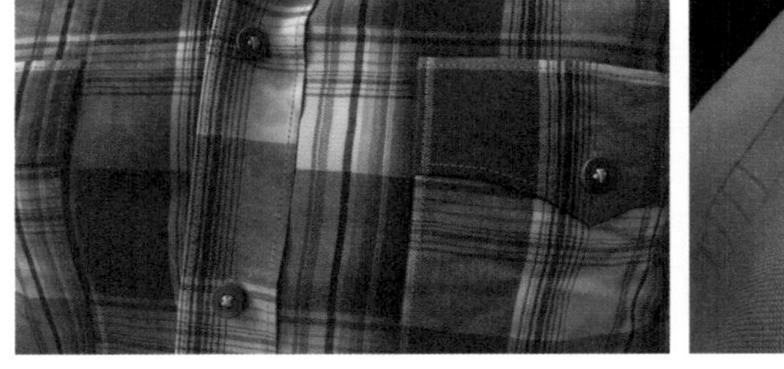

图4–3–9

第五章

服装3D数字化思考与实践

CHAPTER 5

第一节 传统服装行业痛点分析

在新时代背景下，随着新科技、新技术的出现，数字化发展达到了历史新高，受此影响，服装行业也正在经历着一场大的变革。

服装行业作为传统制造行业的代表，一直沿着传统的设计生产模式轨道发展。通过近几年来与服装企业的合作与服务，我们发现在服装企业中存在着一些痛点，这些痛点导致服装企业在发展过程中受到严重的阻碍。具体如下：

（1）服装产品设计研发周期时间长。

（2）设计与技术人员缺乏快速有效沟通机制。

（3）板型、样衣需反复确认，产品修改率较高。

（4）设计稿及画册呈现视觉效果较差，影响买手看图下单准确度。

（5）受时间、地点及人员因素影响，产品评审存在一定局限性。

（6）电商展示拍摄人员及时间成本较高。

（7）产品选样会及订货会打样成本较高，订货会展示、呈现方式较为单一。

（8）产品传统设计陈列方式单一。

（9）历史板型利用率较低。

（10）人体尺寸在不断变化，板型无法自动调整。

（11）营销产品库存巨大。

其中（1）~（8）项，现阶段在3D数字化技术的运用中已经得到改进或解决，随着软件的更新与技术的发展应用，第（8）项以后的一些问题也将会得到进一步改善。

第二节 服装企业3D数字化的优势与目标

一、服装企业3D数字化的优势

服装企业应用3D数字化的目的是给企业带来更大的价值，包括企业内外部的互动与连通、企业生产效率、企业内部决策、产品的创新以及人员和资源利用等方面的优化。

为了帮助服装企业快速了解3D数字化的优势并找到适合其应用及发展的方向，我们总结了成功实施3D数字化项目的企业案例，通过分析、归纳得出3D数字化技术在以下几个方面能够为服装企业带来改善和提升。

（一）逼真、精确的3D数字化服装呈现效果

3D数字化技术能够实现复杂的、不同形态的、多品类的服装设计，例如冲锋衣、外套、皮衣、衬衫、鞋帽及背包等，同时也可以更加精确地体现设计细节，从而减少30% ~ 40%不必要的设计误差（图5–2–1）。

图5–2–1

（二）缩短研发周期，减少产品打样

将3D数字化技术应用在企业的设计研发流程中，在没有生产实物样衣前就可以看到逼真的3D数字化虚拟样衣效果，可缩短产品研发周期。随着技术的熟练与3D数字化技术应用推广，研发周期将会逐年缩短，同时也可以逐年降低产品实物样衣的打样率，如图5–2–2所示。

图5–2–2

案例

1970年在中国香港成立的某服装公司，经营的品类包括休闲服、牛仔服、贴身内衣、毛衣以及运动户外服。现今，该公司已有20间配备自动化制造设施的工厂，分布于五个国家和地区。员工人数约8万人，每年为全球领先的服装品牌交付超过4亿件成衣。

目前，该公司利用3D数字化技术方案已使其流程更加高效。公司某个办公室的设计师可以与其他地方的板师及图稿设计师无缝对接和分享工作，并能够从他们那里及时、有效地得到反馈。

通过使用3D数字化技术，使他们的团队能够快速在首年将实物样衣的制作减少10%，而他们在第二年的目标是减少25%。

目前，该公司已完全转换为完整的3D数字化工作流程，此流程将3D数字化软件工具应用到所有他们与顾客共同创建的项目上，如图5-2-3所示。

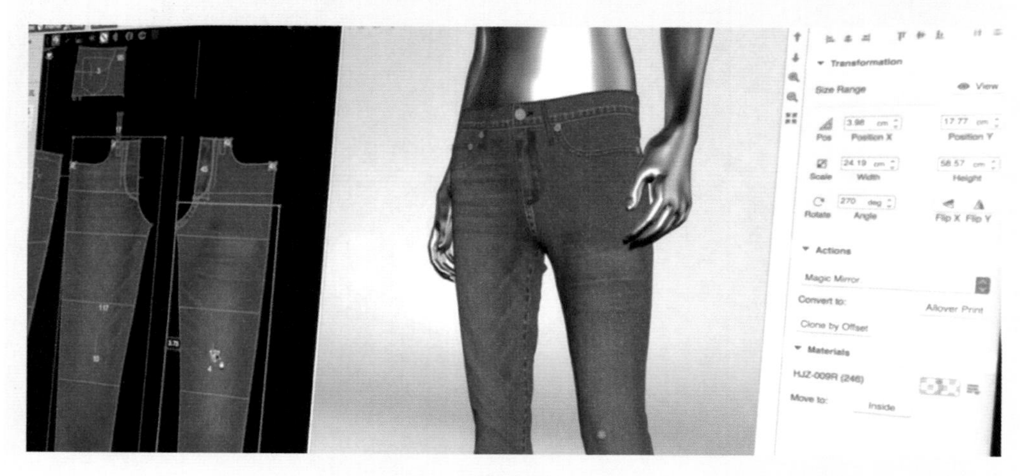

图5-2-3

到2019年，他们已经将所有推出的趋势系列完全转为以3D数字化形式呈现，这是一个完全没有实物样衣的工作流程。

他们的绝大多数客户也已经开始利用3D数字化技术进行样衣试样。在生产任何实物样衣之前，他们的团队都会依靠3D软件进行数字化设计及快速打样，他们很享受3D数字化效果反馈给他们的结果。

（三）增强设计研发有效沟通，降低产品修改率

为了加速设计师、板师、工艺师、销售之间的沟通效率，可以利用3D服装传递需要的

信息，建立统一的板型库、面料库、辅料库，进而进行交流和讨论，提升服装评审的时效。

通过制作3D虚拟样衣效果，能够准确传达分割线、图稿印花位置等信息，避免产品因打样不准确而导致的二次修改，从而降低产品修改率。

案例

在服装设计过程中，生产的实物样衣要保证精准合身，是费时费力且导致成本居高不下的一道程序。

美国某服装品牌已经成功通过引入3D数字化技术减少了80%因合身性尝试导致的失败，从而将这项曾经至少需要花费三周时间才能完成的工作流程，缩短至几天。

该品牌为达到精确合身性进行了很多尝试，其中涉及制造商制作样品、邮寄样品，品牌商审核样品、测量样品、评论样品进行以及将样品寄回给制造商。一方面，每款服装不需要看到其所有配色、尺寸的实物样衣，因此减少了在评审及销售环节需要的样衣数量；另一方面，据公司内部人员反馈，团队中人员进行远程沟通时，可以从任意角度查看，且款式细节都有理有据。

（四）提升下单准确性

在3D数字化运用过程中，工厂根据3D工艺单进行服装实物样衣的生产，能够保证工厂下单的准确性。同时，在某些快反项目中，在产品没有生产出来之前，设计、销售及买手可以快速、准确地看到产品逼真的成衣效果以及产品上身效果，在一定程度上提升买手、销售看图下单的准确性。图5-2-4所示为原有2D平面服装设计效果，图5-2-5为3D数字化服装效果。

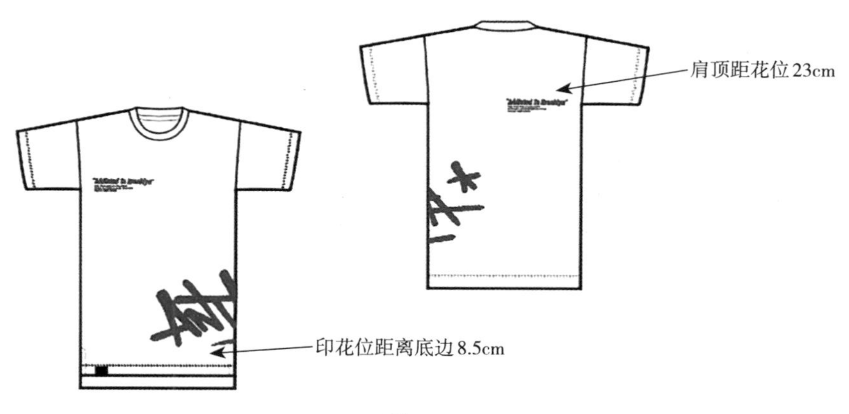

图5-2-4

图5-2-5

（五）丰富订货会展示形式

将实物与3D数字化产品相结合，利用3D数字化产品制作虚拟走秀、虚拟展厅等，在不断丰富产品展示形式及内容的同时，还可以使用虚拟样衣代替实物样衣进行款式组货、选样及下单，从而更好地为企业订货服务，如图5-2-6所示。

图5-2-6

（六）协助销售、零售端

3D数字化产品可以应用到更广泛的领域，不仅仅是商品手册，还可以更多地应用到产品的营销、零售、预售等环节中，如图5-2-7所示。

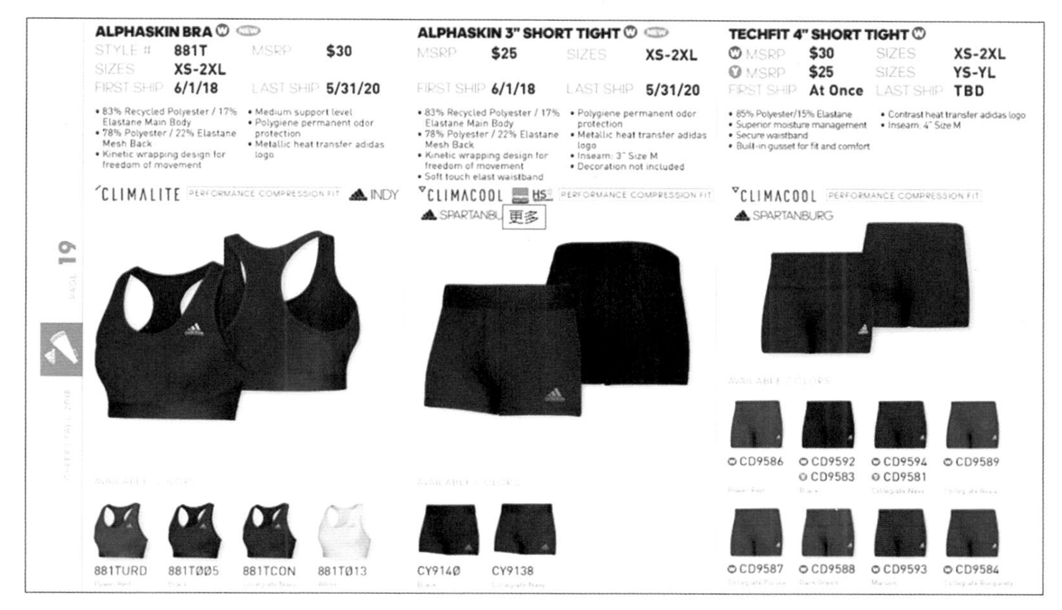

图5-2-7

二、服装企业3D数字化技术主要应用与目标

根据不同企业的业务需求，我们将从以下四个方面详细说明3D数字化技术的主要应用点以及可以达到的目标。

（一）大货生产部门

1. 应用于服装产品的精细化设计，提高款式设计、交接准确率

设计师、板师以及材料人员，利用3D数字化技术进行服装产品的精细化设计研发，提升跨部门沟通效率，提高款式交接准确率，缩短大货设计生产研发周期，如图5-2-8所示。

2. 应用于企业选样、订货，减少打样数量，节约成本

企业内部在进行产品头板样、一选、二选评审及订货会时，可以运用3D数字化虚拟样衣代替实物样衣的配色样衣进行效果展示，既丰富展示的形式，也可减少实物样衣的制作数量，降低企业打样成本。在订货会前，也可借用3D数字化技术提前进行颜色和款式的筛选。

如图5-2-9所示，左侧为实物样衣，右侧为3D虚拟样衣。

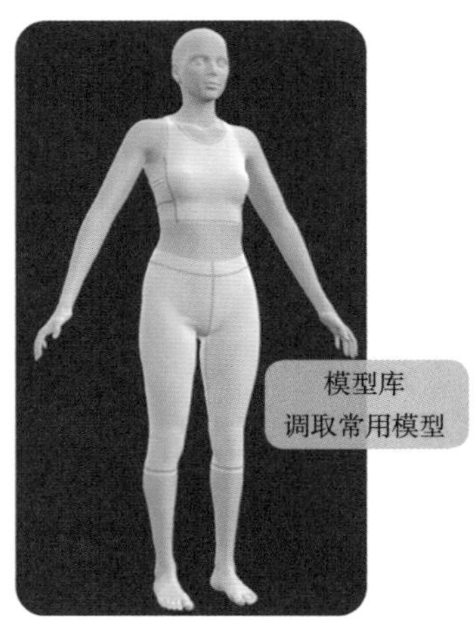

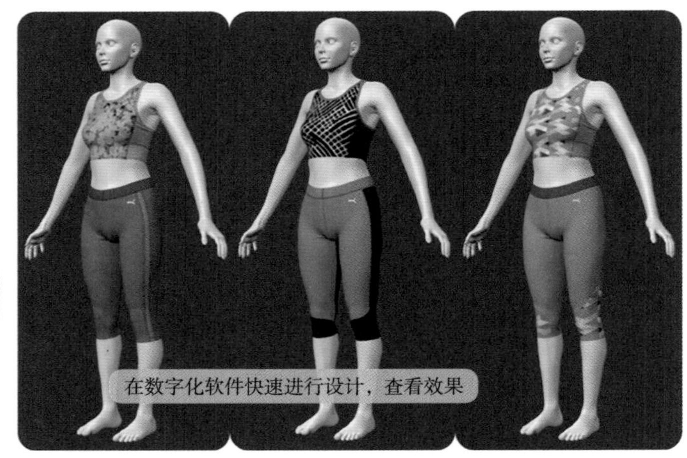

图5-2-8

3. 应用于企业宣传手册及电子画册，节约拍照时间和人员成本

3D数字化效果图可直接应用于企业宣传手册及电子画册，从而节省拍照及图片处理所花费的时间及人员成本，如图5-2-10所示。

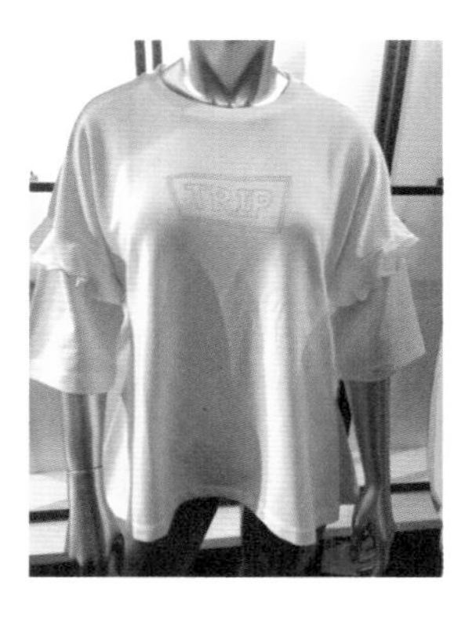

图5-2-9

4. 应用3D数字化服装进行线上评审、交流、展示及下单，提升工作效率

网络线上评审是未来的趋势，随着5G和数字化技术的提升，工作节奏和效率会越来越高。无距离无障碍的沟通将会变得越来越重要。

3D服装文件作为数字化资产，便于传输和保存，使用3D虚拟服装进行评审和订

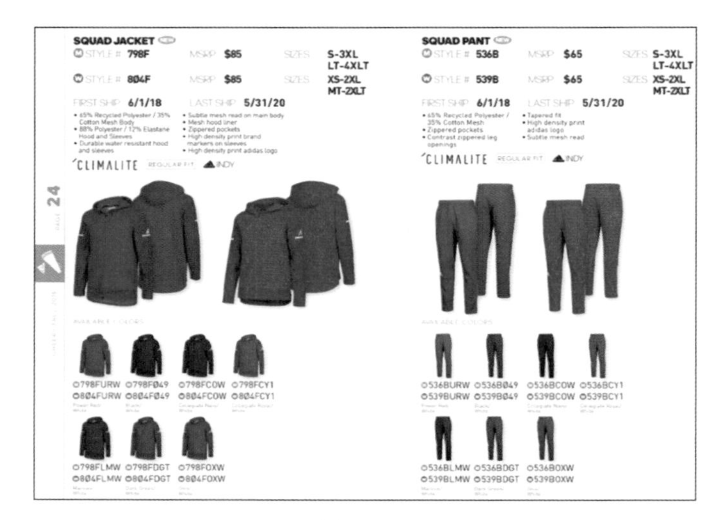

图5-2-10

货，可以打破时间、空间的限制，企业内部人员可随时随地进行线上网络评审。一方面便于评审、交流和集中管理，提升了评审效率，另一方面也降低了选样及订货会的人员及时间成本，如图5-2-11、图5-2-12所示。

图5-2-11

图5-2-12

（二）现货部门

1. 应用3D数字化技术快速进行产品款式、图案及颜色设计，提升工作效率

在设计研发周期相对较短的款式追加或快反项目中，设计师可通过随时调取经典款式，

或对款式稍加改动，并应用3D数字化技术更换款式面料、颜色、印花图案等细节设计，从而在短时间内快速完成产品成衣效果设计。不需要等面辅料染色、工厂打样等环节，就可以快速看到服装产品的成衣效果及相关配色效果（图5-2-13）。

图5-2-13

2. 销售买手通过线上评审快速、准确进行产品确认下单，提升下单准确性

待设计师制作完成3D款式效果后，销售及买手通过线上评审查看款式效果并提出修改意见，待效果确认后可以直接根据3D虚拟服装效果进行产品下单。在提升视觉参考价值的同时，增加销售、买手看图下单的准确。如图5-2-14所示为款式2D平面设计图，如图5-2-15所示为3D数字化效果。

图5-2-14

图5-2-15

（三）团购业务部门

将3D数字化技术应用于企业的团购业务中，一方面可以在不打样的情况下快速直接地提供逼真的3D虚拟样衣与客户进行确认，且可以在零成本的情况下进行反复修改测试；另一方面，在丰富展示形式的同时，虚拟样衣可以用于企业招标会现场的演示，根据不同客户的需求，实时且快速地对面辅料、颜色、图案等细节进行效果修改，并得到最终的成衣效果。

（四）电商业务部门

1. 辅助电商销售及预售

企业不需要等到实际样品做好并拍好产品照片，就可以直接运用3D虚拟样衣进行线上产品的销售、预售，如图5-2-16所示。

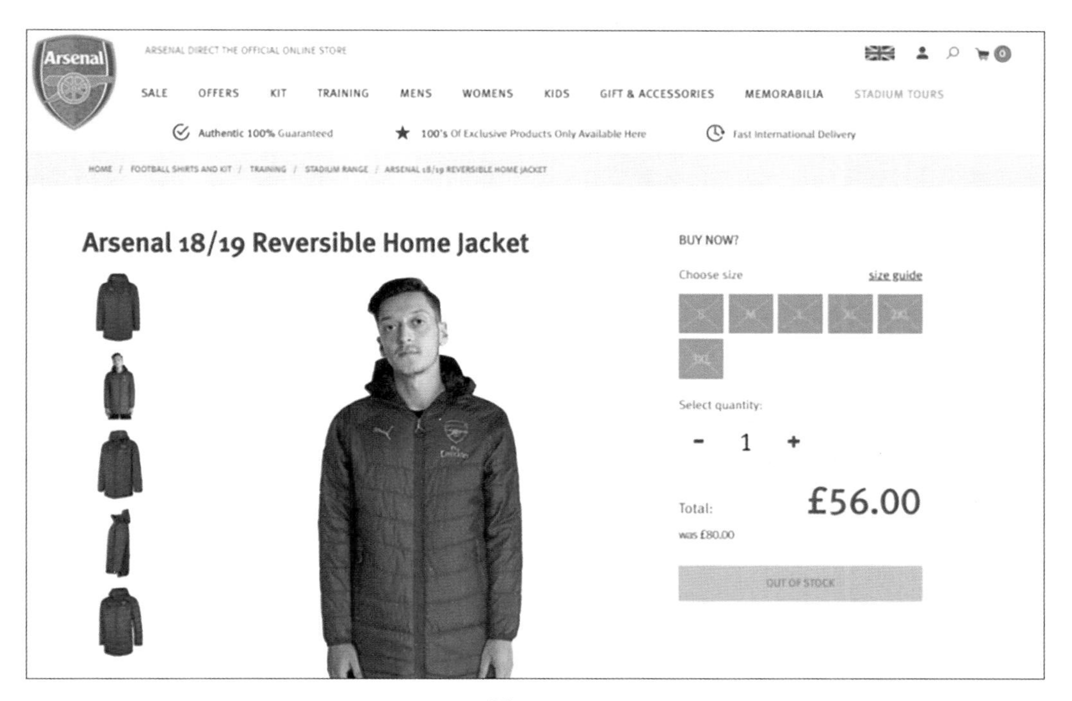

图5-2-16

不同角度、配色、细节的3D服装效果可以给消费者提供直观的视觉参考。另外，3D数字化服装成果也可以用于在线定制，让顾客可以自主对服装款式的色彩、图案等进行选择搭配和下单，提升顾客购买的兴趣。

2. 提升企业代言模特及明星使用率

目前使用的AI智能算法合成技术，可以迅速且批量地将3D虚拟产品效果与真人模特效果进行无缝结合，得到可以媲美真实穿着照片的服装试穿展示效果，大大减少了服装拍摄所需的人员及时间成本，降低了企业代言模特及明星成本。

第三节 3D数字化总体技术架构

本书中介绍的3D数字化技术主要由3D服装软件设计Lotta、3D服装开发软件VStitcher以及材质扫描仪、FAB面料物理性质测试仪组成。

为了使3D服装的质感更加逼真，面辅料人员需要使用材质扫描仪及FAB面料物理性质测试仪完成对各种材质的3D数字化制作。

板师使用VStitcher软件导入2D基础板型，完成对服装的3D建模。

设计师通过使用Lotta软件完成服装的3D设计，包括分割线、面辅料、缝线、图稿、印花等设计细节的添加。

设计完成后，软件可以直接生成具有工艺及生产信息的工艺包文件。3D服装文件能够准确地表达设计师的设计想法、板型工艺等设计信息，从而提升服装设计视觉参考及服装设计生产的工作效率。

3D数字化总体技术架构如图5-3-1所示。

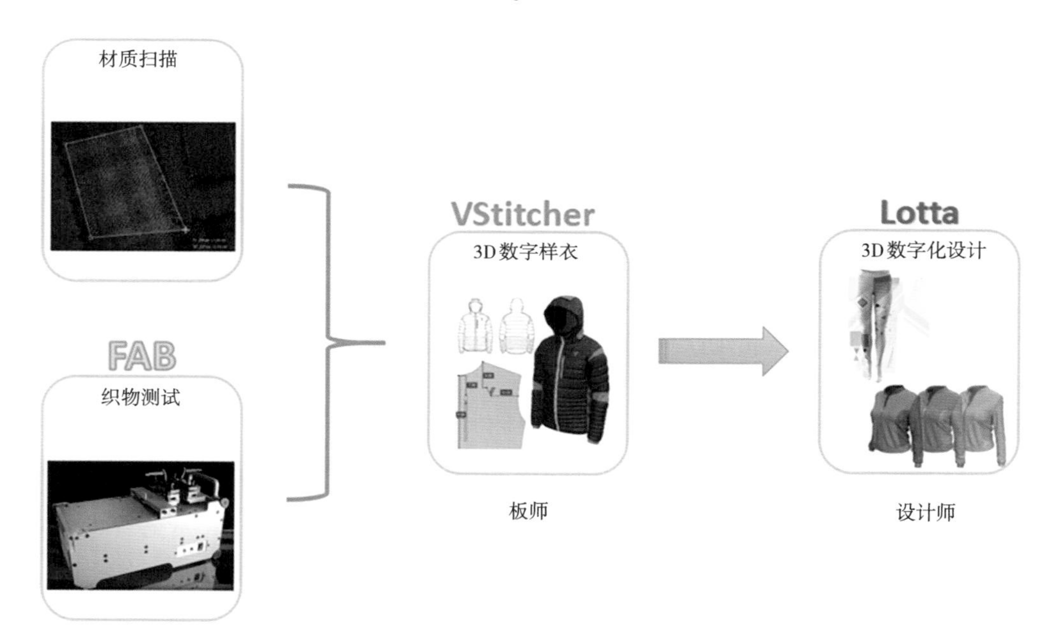

图5-3-1

第四节 服装企业传统工作流程与3D数字化工作流程的分析与讨论

一、服装企业传统工作流程分析

以服装企业A传统工作流程为例（表5-4-1）。其制作头板、一选、二选样衣，需要查看板型、分割、图案、位置、颜色等设计效果，经分析我们能得出以下四点结论：

（1）设计师与板师之间缺少沟通，且设计无法提前确认板型。

（2）平面二维设计图，款式效果不直观；板师不能完全理解设计想法，导致板型与分割线达不到设计师的理想效果，实物样衣效果与款式设计存在差异。

（3）头板、一选及二选需要1～2个月时间制作实物样衣，花费大量人力、物力及时间成本。

（4）产品设计研发总周期长，产品预测风险高，企业在看到市场需求后，无法快速完成产品的设计、开发、评审、采购、上市的整个流程。

二、服装企业3D数字化工作流程分析与建立

根据对该服装企业大货生产、设计、研发传统流程的分析，我们针对该企业传统设计研发流程提出基于3D数字化的优化及解决方案，如表5-4-2所示。

流程变革分析说明：

（1）根据产品企划部门、材料部门、工艺技术部门等的具体工作内容，在设计开始前，需要提前建立面辅料、板型等各项3D数据库。

（2）使用Lotta/VStitcher设计软件完成3D虚拟样衣的制作，不需要工厂再花费1～2个月的制作时间，节省制作头板样衣的时间和所需人力物力。

（3）以虚拟样衣代替传统的实物样衣。

（4）提前评审样衣效果，设计看图时就可以确定服装的款式、分割线、印花、配色等设计内容，同时可以看到面辅料在3D服装上的试穿效果。

（5）3D设计研发流程中，如果有需要修改的地方，设计师可以及时与板师沟通，避免板型、工艺等方面会出现的问题，提高服装产品设计研发的质量。

表5-4-1　服装企业A传统工作流程

部门	企划	数据库建立	设计看图（55天）				工艺技术开发（7天）	工厂制作样衣		
			50%	80%	100%	工艺单交接		头板（60天）	一选（60天）	二选（35天）
产品企划	①消费者分析；②产品定位；③产品结构；④产品价格；⑤设计范围等									
趋势研发										
设计			用AI做2D设计：①款式设计；②配色；③挑选材料			制作工艺单		①板型是否合适；②分割线/款式设计效果；③图案大小和位置；④成本准确核算；⑤面辅料的开发(45天左右)；⑥部分面料效果，代用面料90%以上	①系列整合；②面料品质、颜色、面辅料、工艺等匹配度；③删款；④实际穿着效果；⑤适卖款；⑥检查头板调整效果；⑦齐色	①检查一选样衣是否实现；②系列整合；③删减款；④确定产品结构；⑤确认原价；⑥齐色与条码
面辅料开发										
工艺技术开发							①工艺技术完善工艺单；②信息完善；③分到不同工厂板师制板	传统流程： √ 设计师与板师沟通可以改善 √ 设计师提前确定板型的困难 √ 板师猜测设计想法，最终板型和设计分割不是设计师所要 √ 平面二维设计，不直观		
板师							①提供头板尺寸；②提供基础板型；③对板型不能实现的设计效果提出建议			
工厂								①工厂板师制板；②制作头板		

表5-4-2 服装企业A工作流程变革分析

部门	企划 1	数据库建立	设计看图（55天）				工艺技术开发（7天）	工厂制作样衣		
			50%看图	80%看图	100%看图	工艺单交接		头板	一选	二选
产品企划	①消费者分析；②产品定位；③产品结构；④产品价格；⑤设计范围									
趋势研发		面料库：①已有辅料；②新开辅料								
设计			用AI做2D设计：①款式设计；②配色；③挑选材料 用Lotta/AI/PS做设计：①款式设计；②配色；③材料；④板型结构			制作工艺单	4 提前评审头板效果	①板型是否合适；②分割线/款式设计效果；③图案大小和位置；④成本准确核算；⑤面辅料的开发（45天左右）；⑥部分面料效果，代用面料90%以上	①系列整合；②面料品质、颜色、面辅料、工艺等匹配度；③删款；④实际穿着效果；⑤适卖款；⑥检查头板调整效果；⑦齐色	①检查一选样衣是否实现；②系列整合；③删减款；④确定产品结构；⑤确认原价；⑥齐色与条码
面辅料开发		面料库：①已有辅料；②新开辅料		虚拟头板代替实际头板						
工艺技术开发				3			①工艺技术完善工艺单；②信息完善；③分到不同工厂板师制板			
板师		板型库：①建立上一季产品板型库（基础板，部件组合）；②根据设计师需要，板师可与设计师近距离协同工作，随时调整板型，建立新的3D基础模型					①提供头板尺寸；②提供基础板型；③对板型不能实现的设计效果提出建议 板师根据设计师提供的Lotta进行板型分割和调整（VS），该板型直接发给工厂进行样衣制作	5 根据Lotta设计，用VStitcher、CAD软件做分割，制板，无须猜测，准确理解设计师想法		
工厂						2	用Lotta/VS完成头板制作，节省样衣制作时间	①工厂板师制板 ②制作头板		

由此得到优化后的3D数字化大货生产设计研发流程，如图5-4-1所示。

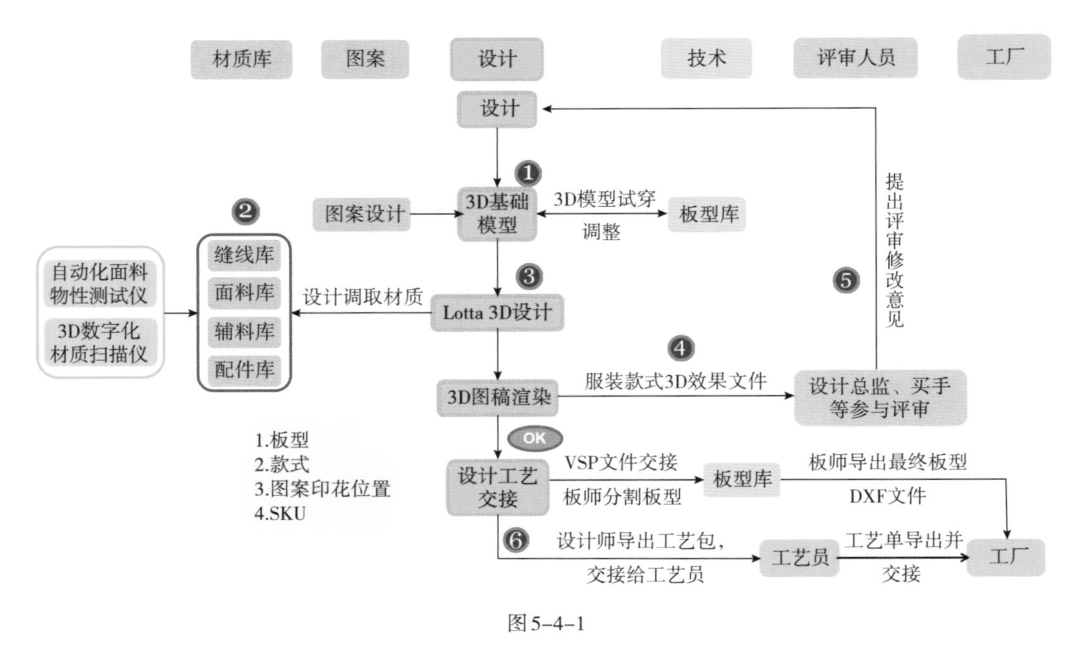

图5-4-1

新流程分析说明：

（1）设计可选择基础款、常青款进行3D虚拟服装设计，板师根据设计选定款式修改板型，使用VStitcher软件完成2D板型转3D基础模型的操作。

（2）材质处理人员根据当季设计的面辅料需求，使用材质扫描及测试仪器，完成面辅料等扫描、测试及后续处理工作。

（3）设计师结合3D基础模型、面辅料影像、图案等元素进行3D服装细节设计，使用Lotta软件完善款式的分割线、颜色、配色等内容设计。

（4）企业内部评审人员可通过线上的方式对3D服装效果提前进行评审并提出修改意见，设计师及板师根据修改意见进行款式及设计细节修改。

（5）板师根据最终款式设计，分割板型并导出板型DXF文件交接给工厂，设计将工艺包交接给工艺员，以应用于服装产品的制作。

三、服装企业不同业务模式下3D数字化工作流程的应用

基于3D数字化大货生产新流程，也可将3D数字化技术运用到服装款式追加、快反等业务流程当中。

设计师通过准确、精细化的颜色及图案设计，快速制作3D虚拟成衣，销售及买手可通

过线上远程评审查看3D服装效果并下单。流程如图5-4-2所示。

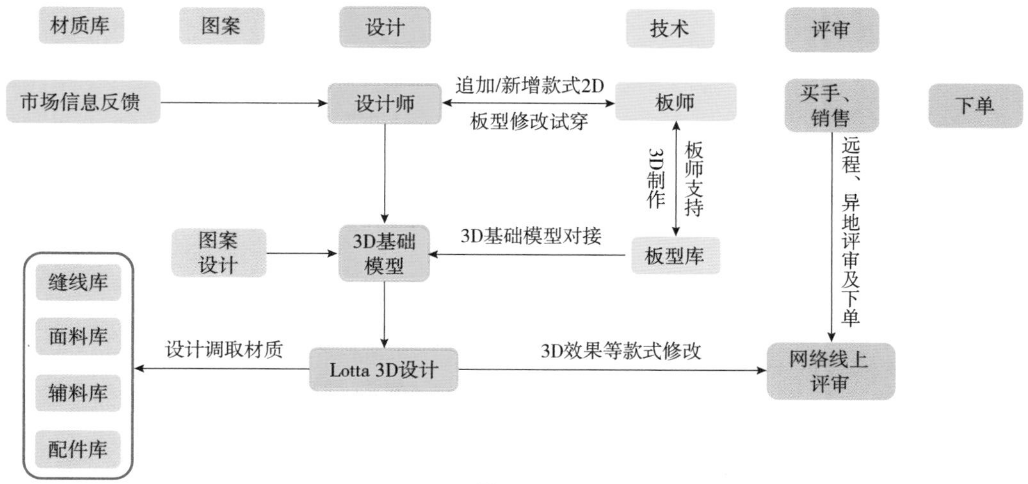

材质库
图案
设计
技术
评审
市场信息反馈
设计师
追加/新增款式2D
板型修改试穿
板师
买手、销售
下单
3D制作
板师支持
远程、异地评审及下单
图案设计
3D基础模型
3D基础模型对接
板型库
缝线库
面料库
辅料库
配件库
设计调取材质
Lotta 3D设计
3D效果等款式修改
网络线上评审

图5-4-2

第五节 服装企业3D数字化项目实施方案

一、方案描述

主要包括分析并评估服装企业设计研发的现有流程，并在此基础上提出企业在不同业务模式下工作流程的应用和改善建议，以及相关评审机制的建立。

同时也包括3D软件（VStitcher、Lotta）、硬件设备（测试仪、扫描仪）的安装、培训，企业系列服装中以及不同业务模式下3D数据库的建立，产品研发的应用等。

二、主要技术匹配

主要使用到的3D软件、硬件设备及使用人员详见表5-5-1。

表5-5-1 主要使用到的3D软件、硬件设备及使用人员

产品名称	使用者
VStitcher 3D 服装开发软件	服装技术开发人员
Lotta 3D 服装设计软件	服装设计师

续表

产品名称	使用者
材质扫描软件及硬件	材料处理人员
FAB布料测试仪软件及硬件	材料处理人员

企业内部需要准备的软硬件资源详见表5-5-2。

表5-5-2　企业需要准备的软硬件资源

硬件/软件	数量	备注
企业内部局域网	—	设计与研发人员的电脑需要联网使用
会议室	1间	人员培训及会议时使用
投影仪	1台	人员培训及会议时使用
电脑/笔记本	按需求人数准备	设计师、板师与材料处理人员使用
平面图像处理软件	按需求人数准备	PS或AI图像处理软件，按设计师人数准备
其他	—	其他需要的相关硬件

三、项目准备工作

（1）项目人员配置安排的确认。

（2）对参与数字化工作的设计师、板师、材料等人员进行工作流程的沟通与讨论。

（3）电脑软硬件安装准备。

（4）设计、技术与材料等部门所使用到的3D数据库的建立与完善，包括服装2D板型库、3D基础模型数据库、常规面辅料库、缝线库、3D标准化人台等。

（5）相关人员培训，包括设计师、板师、材料处理人员等，确保每一位使用者能够了解新的工作流程，能熟练掌握其需要使用到的软硬件及设备，并可以分享给其他人关于数字化项目在企业中应用的经验及成果。

四、主要人员匹配

为了更好地推动3D数字化在服装企业内部的运行，需要企业内部各部门间能够相互协同工作。其中主要参与人员包括技术部（板师）、设计部（设计师）、材料部、IT部等。

表 5-5-3 所示为服装企业 B 主要参与人员及职责（仅供参考）。

表 5-5-3 服装企业 B 主要参与人员及职责

部门	人员	主要任务	工作目标
技术部	板师 2 人	参加 VStitcher 培训 掌握 VStitcher 使用方法 创建 3D 基础模型库	建立板型数据库 在 3D 流程中灵活应用 3D 软件，建立企业自有 3D 模型库
设计部	生活、训练、跑步等系列设计师 7 人	参加 Lotta 培训 掌握 Lotta 软件的使用方法 能够使用 Lotta 软件进行服装款式效果设计	学会并能熟练使用 Lotta 软件进行 3D 服装设计
材料部	材料处理 1 人	协助搜集、管理对应款式面辅料信息 扫描面辅料信息	协助提供相应面辅料信息、建立面辅料库
IT 部	IT 技术 1 人	协助相关人员进行设备检查、维护，以及所使用到的软硬件的安装	协助并确保整个 3D 工作能够顺利进行
总协调	总协调管理 1 人	管理及协调 3D 整个工作	协助并确保整个 3D 工作能够顺利进行

五、项目实施方案大纲

表 5-5-4 所示为服装企业 B 3D 数字化项目实施方案（仅供参考）。

表 5-5-4 服装企业 B 3D 数字化项目实施方案

阶段	时间	人员	工作目标	工作标准
项目确认	1 ~ 2 周	企业所有参与人员 3D 团队	确定流程规范、日期及相关信息	实施方案能够满足企业需求并可行
培训	5 ~ 6 天	IT 人员 技术开发人员 设计人员 3D 团队	企业相关人员培训	设计、技术人员学会并熟练使用VStitcher/Lotta软件，并了解相互间的协作方式
			指定人员能够熟练使用相关软硬件，并能够通过考核	IT 人员了解 3D 软件使用的工作机制并能提供相关的技术需求

续表

阶段	时间	人员	工作目标	工作标准
数据库建设	1 ~ 2 周	技术开发人员 材质处理人员 3D 团队	面辅料、缝线材质扫描处理	各系列、各季节面辅料数据库
			3D 基础模型数据库建立	各系列、各季节 3D 数据模型库
			3D 人台建立	企业内部统一的男、女 3D 人台
流程梳理与实施	5 ~ 6 周	企业人员 3D 团队	设计人员能够使用 Lotta 软件进行服装产品设计	设计人员使用 3D 软件更有效率地完成以往的 2D 设计
			技术开发人员能够使用 VStitcher 软件进行服装开发	设计与技术人员能够有效地利用 3D 数字化技术沟通，提高效率，并高质量地完成款式开发
			设计与技术人员能够利用 3D 数字化技术进行产品研发并能实现有效沟通	设计与技术人员可以实现无缝对接，改善原有流程中存在的问题

第六节　服装企业3D数字化成果

一、服装企业内部3D数据库

（一）建立服装企业内部3D数字化人台

建立服装企业内部3D数字化人台，需要与企业内部使用的布衣人台保持一致，包括尺寸及人台几何结构。相一致的人台是3D数字化设计研发的基础，这样才能使3D虚拟样衣和真实样衣在试穿效果上保持高度相似，也可以给设计师一个更好的设计视觉参考。

图5-6-1所示为服装企业A内部使用的传统标准化布衣男、女人台。根据该企业内部使用的布衣人台尺寸标准，经由Alvanon公司三维人体扫描技术（图5-6-2），通过扫描布衣人台建立企业内部使用的3D数字化人台。3D数字化男、女人台效果如图5-6-3所示。

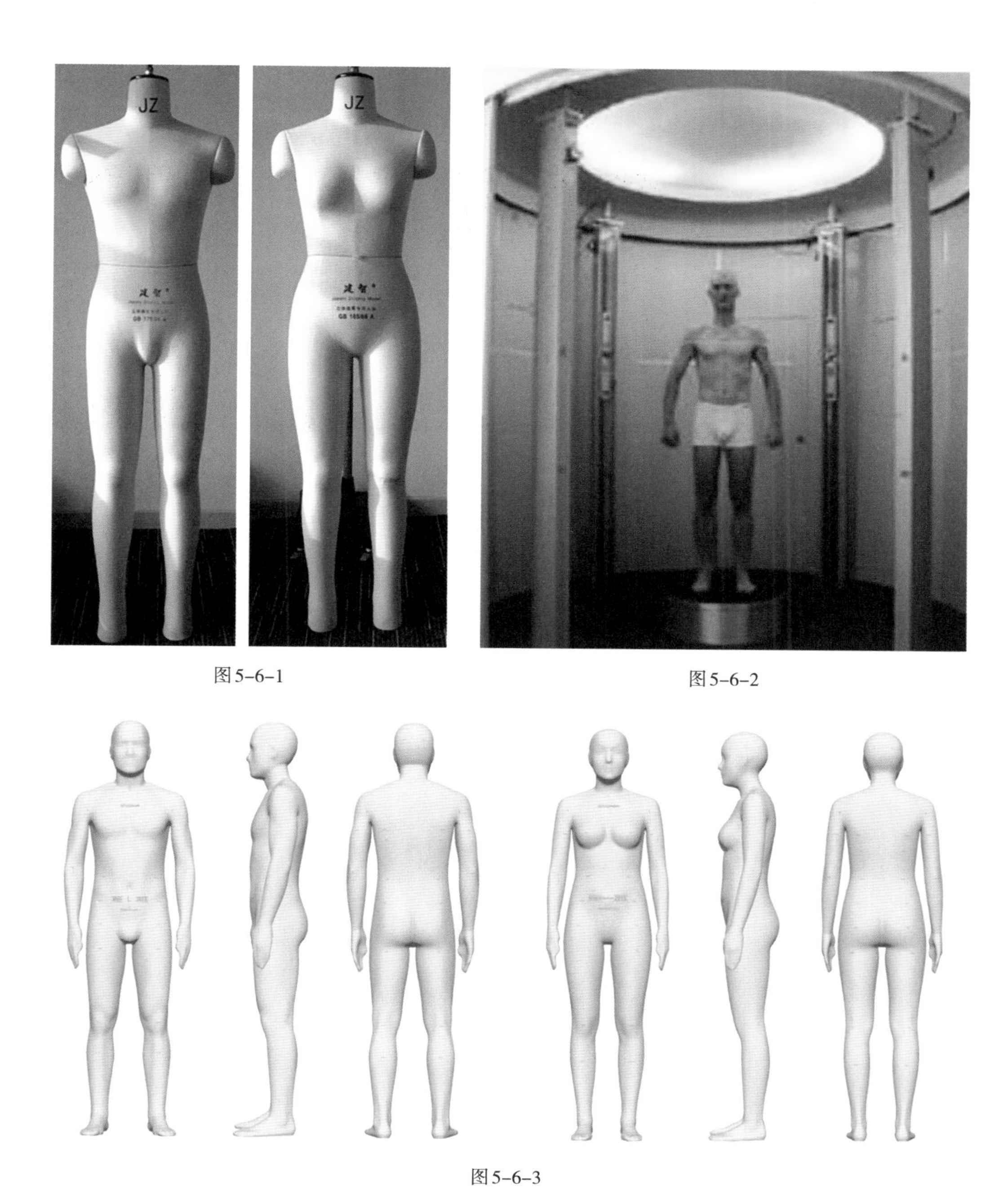

图5-6-1

图5-6-2

图5-6-3

（二）建立服装企业内部3D面辅料库、缝线库等

为使3D服装设计效果更加真实、自然，需要添加面辅料、缝线、印花等细节内容。材质处理人员需要对每个季度的面辅料进行扫描、制作无缝贴图，以不断完善3D基础面辅料库、缝线库等材质数据库。

通过使用材质扫描仪以及FAB材质测试仪可以得到真实的材质物理属性数据以及影像贴图，如图5-6-4所示。

图5-6-4

在3D软件中，将材质物理属性与其对应的影像贴图相结合，建立企业内部使用的3D面辅料、缝线等数据库，便于设计师可以随时调取，同时也便于对3D材质的管理。图5-6-5、图5-6-6所示为企业A建立的部分3D材质效果。

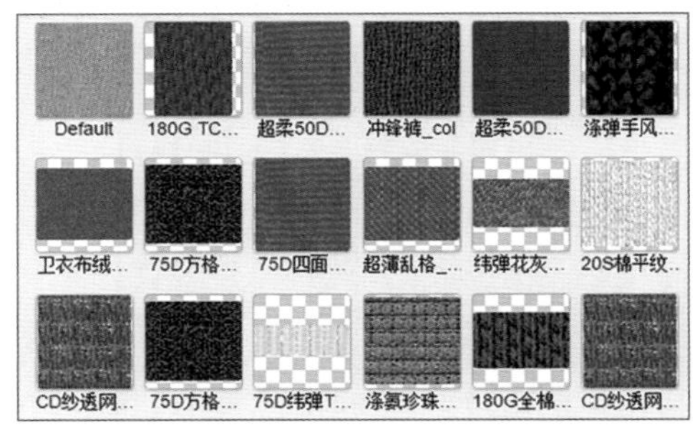

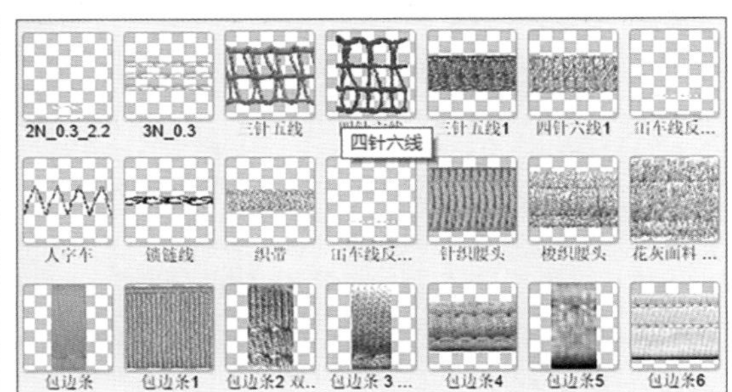

图5-6-5

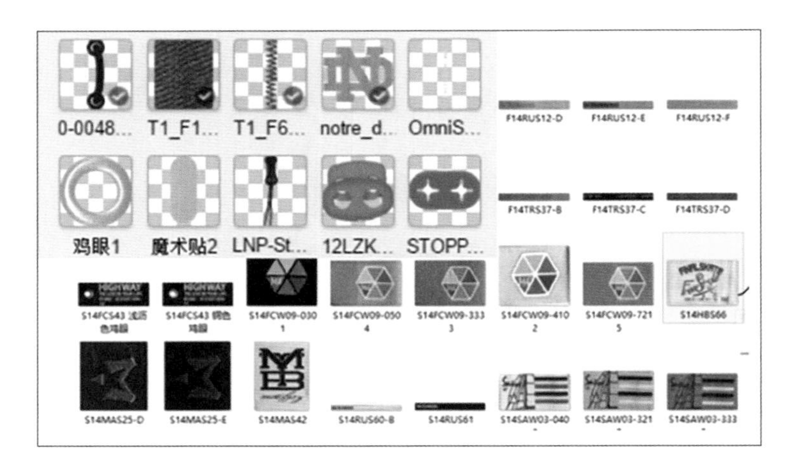

图5-6-6

（三）建立服装企业内部3D基础模型库

板师需要不断整理企业内部使用的2D板型，包括基础成熟款板型和新增款，并在此基础上使用VStitcher软件建立和完善3D基础模型库，以便在设计师需要之时可以随时调取使用。图5-6-7所示为企业B建立的部分3D基础模型。

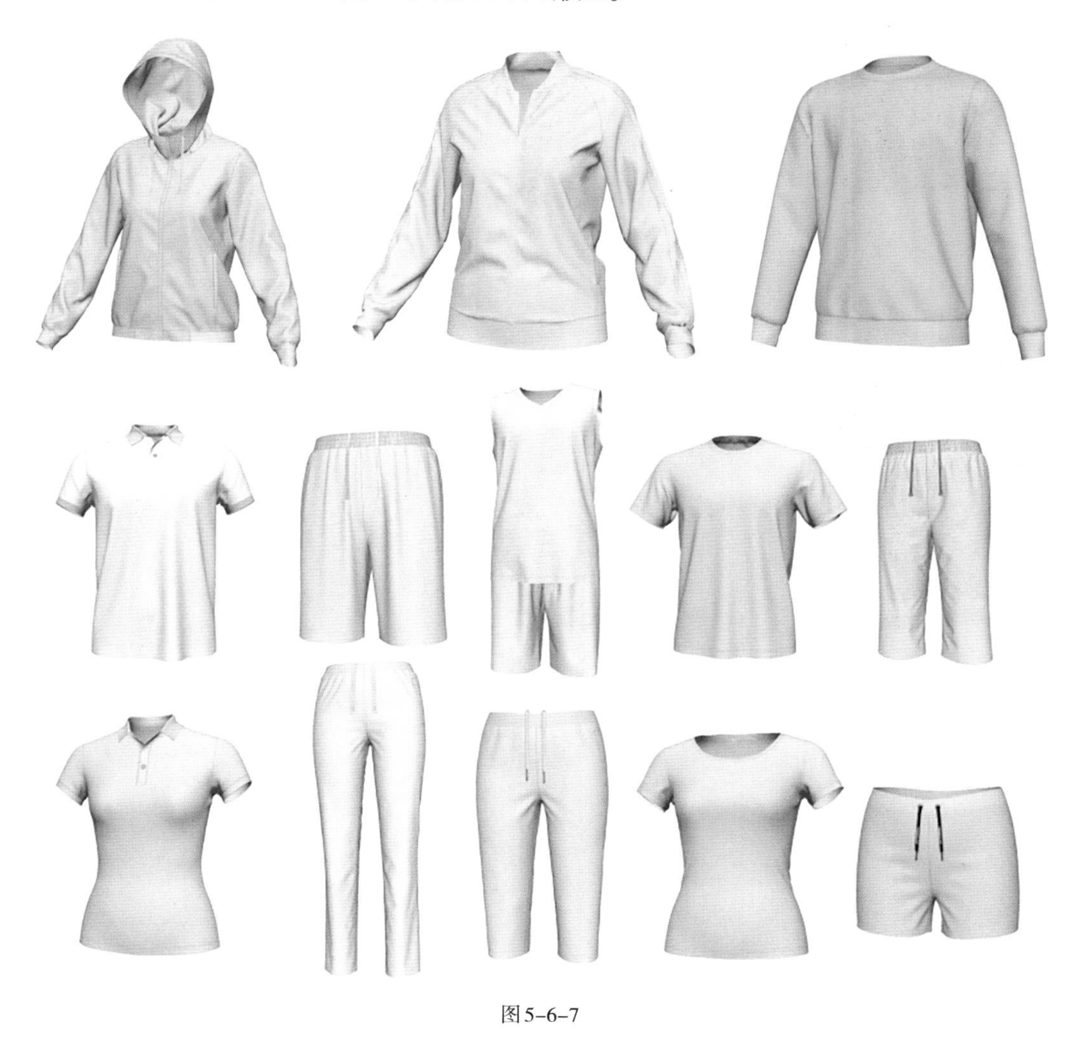

图5-6-7

二、3D数字化虚拟服装成果

图5-6-8、图5-6-9所示为不同品牌的服装企业制作完成的部分3D数字化虚拟服装成果。

图5-6-8

图5-6-9

三、3D数字化给服装企业设计研发带来的改善和提升

以服装企业C为例，在该企业的一选样衣制作环节中，全部款式数量为245款，其中的57款服装采用了3D设计研发流程，剩余188款为原有传统流程制作。将3D流程样衣制作结果与2D传统流程的样衣制作结果进行分析和对比，我们可以得到如图5-6-10所示的柱形图。

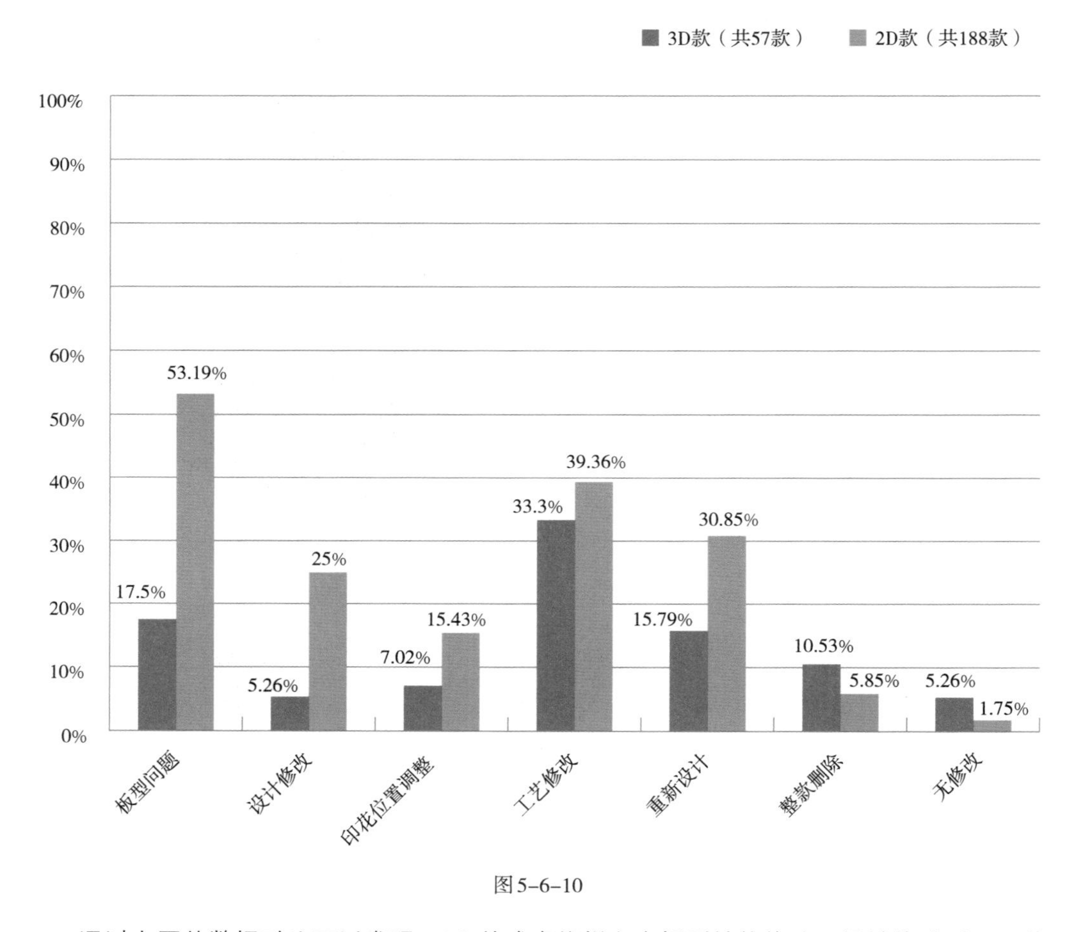

图5-6-10

通过上图的数据对比可以发现，3D款式虚拟样衣在板型结构修改、设计修改以及印花位置的调整要大大低于2D款样衣。

针对以上图中提到的几个样衣修改问题做出的分析见表5-6-1。

3D数字化技术能够提升设计与技术开发的有效沟通，并且大大提升了板型轮廓及分割线位置的正确率。同时设计师实现了所见即所得的设计，这也使其在印花位置的调整频率明显降低。

表5-6-1 3D款与2D款样衣制作修改意见对比与分析

对比结果	原因分析
3D相较2D在板型修改率降低35.69%	①3D设计，提前沟通解决了板型的问题 ②根据修改意见，如果3D板型在样衣制作过程中能完全落实，将会避免目前存在的3D与样衣板型不一致的问题，会进一步降低修改率
3D相较2D设计修改率降低19.74%	①设计师能直观感受3D立体服装效果，更准确地表达设计想法 ②设计师通过3D设计能准确传达设计想法，包括分割线设计、印花位置与尺寸等细节的设计，从而提高了样衣准确性
印花位置的修改率降低8.41%	3D设计使设计师能更直观地定位印花位置，感知设计效果
3D流程与2D流程，在工艺制作上的修改率相同，都相对较高	样衣缝制质量，准确性目前对于3D和2D都是一个需要解决的问题，需要设计、技术、生产部门协同督促工厂，提升样衣缝制工艺和准确度，加强产品从设计到样衣的品质管控
3D相较2D重新设计款式比率降低15.06%	3D能提前更好地表现设计想法，同时3D能协助实现更好样衣效果
整款删除，3D较2D款式高出4.64%	企划、设计通过市场等变化因素，删除部分款式
3D相较2D，无修改款式比率提升3.51%	通过3D设计研发，最终要提高样衣制作的准确性

四、服装企业实际产品案例分析

（一）长T恤——板师与设计师实现及时有效沟通

3D设计与研发需要设计师与板师协同来工作，共同的设计研发过程中提前解决设计、款式变化、体型、板型等关键要素。从以往经验来看，这些要素经常要通过头板、一选甚至二选样衣的制作才能解决，但通过3D数字化设计，我们可以提前解决这些问题。3D设计研发大体分为三个步骤：

（1）如图5-6-11所示，设计师首先决定设计所需基础3D样衣，在这个过程中，服装的合体性已经得到了基本确认。在此基础上，设计师标记出设计意图所需的结构更改，如图5-6-12所示。

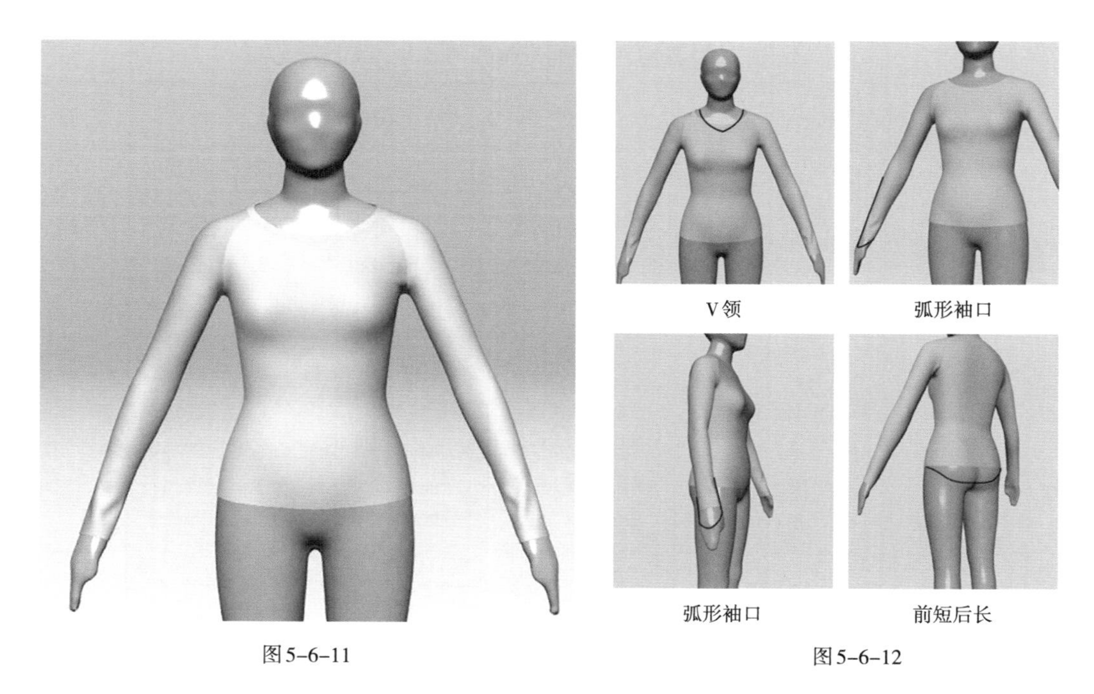

图5-6-11

图5-6-12

（2）板师根据设计建议修改服装板型并完成3D效果制作，如图5-6-13所示。

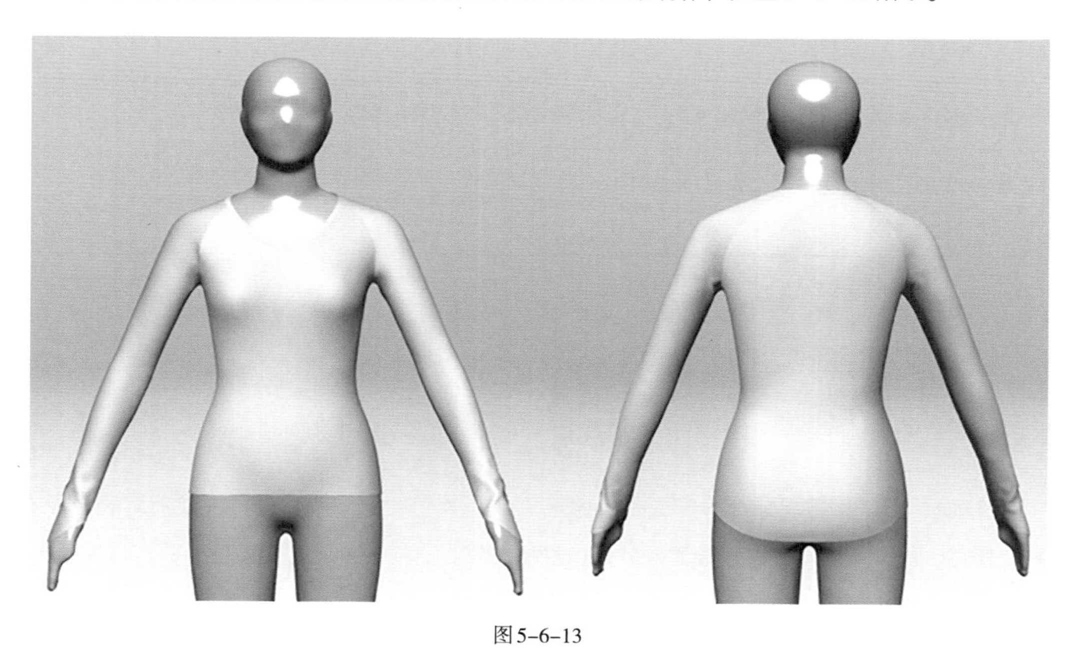

图5-6-13

（3）基于3D板型更改的结果，设计师完成最后的效果设计。整个过程历时1小时，快速完成3D虚拟样衣的设计，如图5-6-14所示。基于3D设计的虚拟样衣来制作头板实物样衣，一次就能够达到设计师所要求的效果。如图5-6-15所示女长T实物样衣。

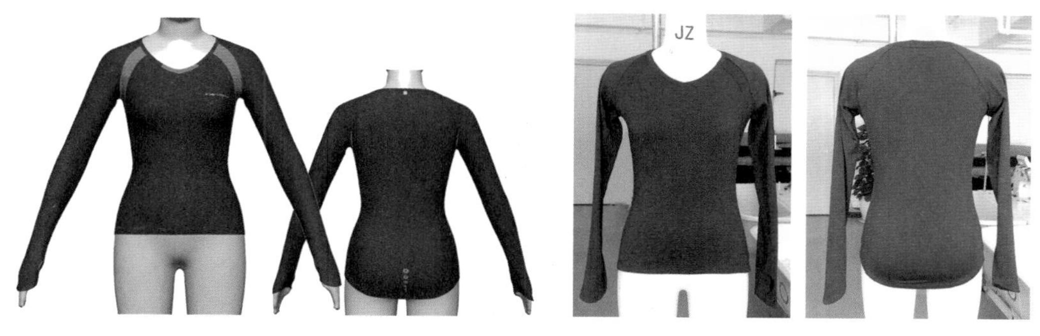

图5-6-14　　　　图5-6-15

（二）蝙蝠袖卫衣——提升服装廓型的准确性

企业板师通过3D数字化技术制作虚拟样衣，设计师能够提前确认板型是否合适，避免多次制作真实样衣，节约成本。

特殊板型，如蝙蝠袖套头卫衣，设计师与板师通过3D数字化技术，提前沟通了板型廓型的问题，设计师在正确的3D模型上进行细节设计，第一次实物样衣制作就达到设计师想要的板型效果。如图5-6-16所示女长T恤虚拟样衣和实物样衣。

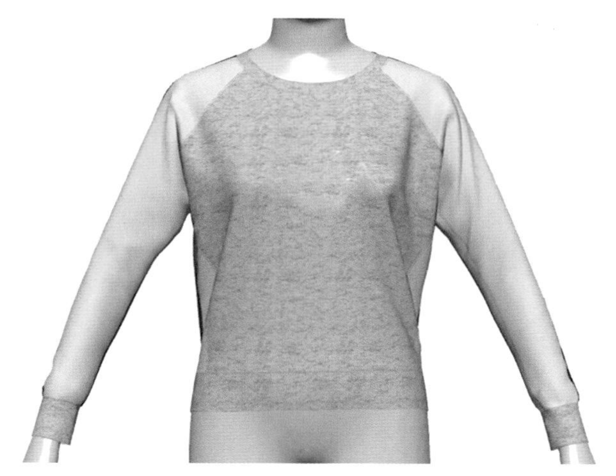

3D虚拟样衣　　　　实物样衣

图5-6-16

（三）单风衣——提升款式细节设计的准确性

特殊款式设计，如女单风衣（腰部有抽绳），设计师在基础3D模板上做出3D标注，并提供参考款式效果图，如图5-6-17所示。

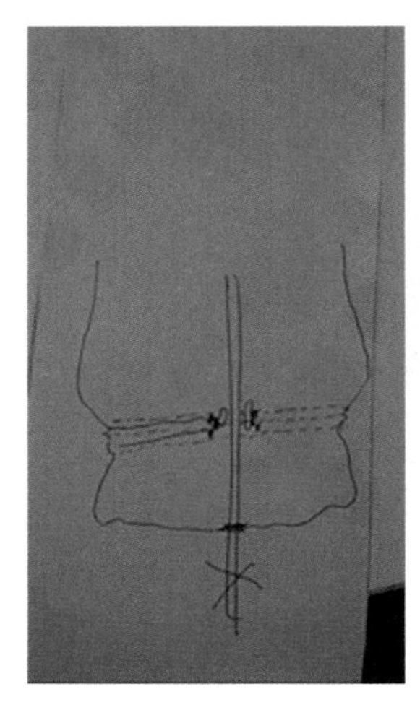

底摆上部加入弹力抽身绳，做法参照照片

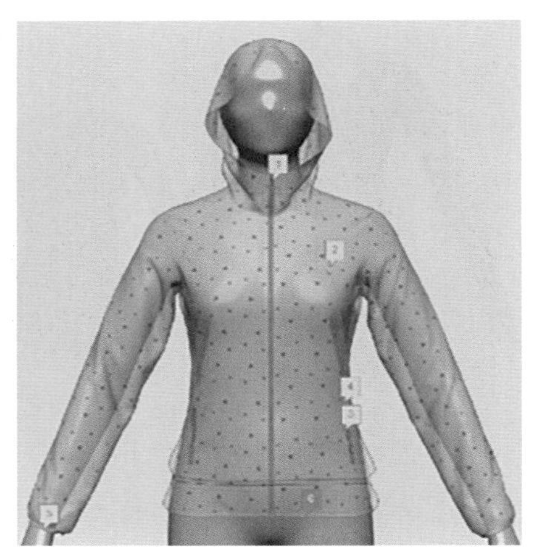

图5-6-17

板师根据设计3D注释及参考效果图对款式廓型细节及抽绳位置、结构等进行修改，得到的3D效果如图5-6-18所示。

通过3D虚拟样衣的制作，设计师与板师提前沟通，避免板型问题，达到了设计师对板型款式的要求，最终实物样衣与虚拟样衣效果一致，如图5-6-19所示。

图5-6-18

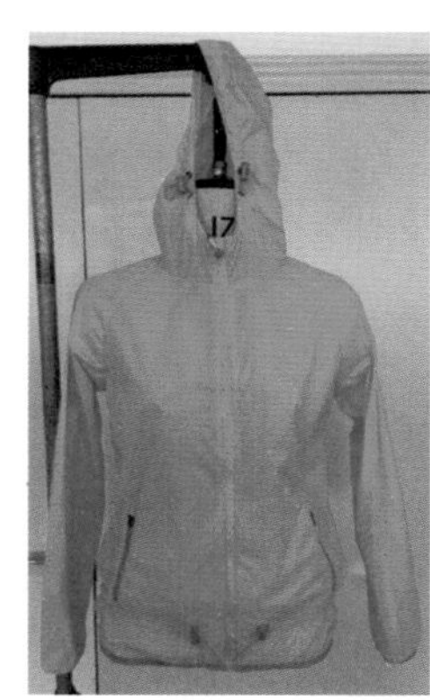

实物样衣（采用代用面料）

3D虚拟样衣

图5-6-19

（四）紧身运动裤——提升分割线设计的准确性

设计师直接在3D虚拟服装上进行分割线的设计，得到的3D虚拟服装效果如图5-6-20所示。

板师通过3D软件按照设计画线进行板型分割，实物样衣能够一次性达到精准的、理想的分割效果，如图5-6-21所示。

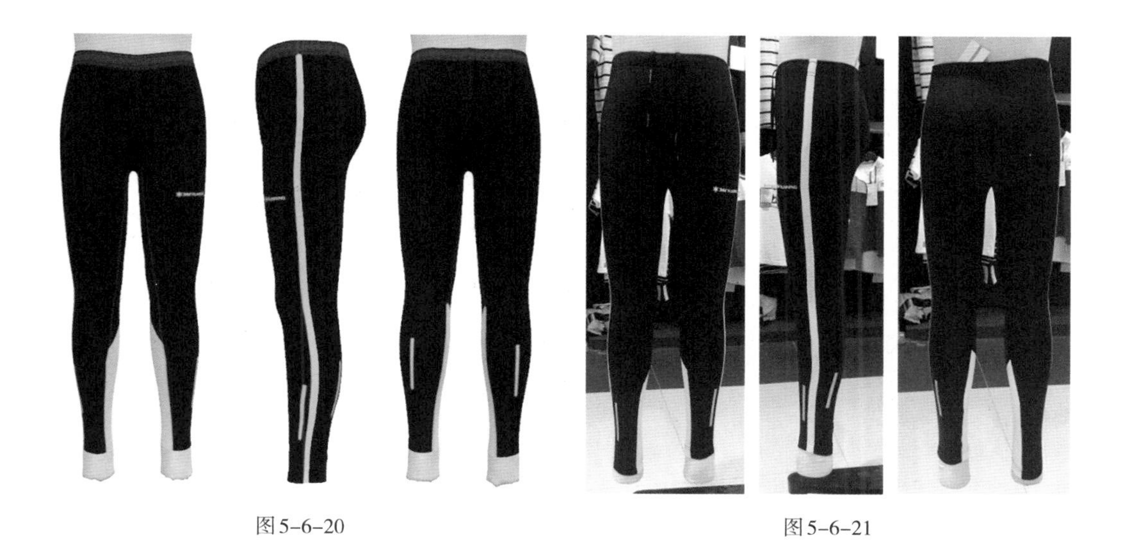

图5-6-20　　图5-6-21

（五）套头卫衣/短T恤——形象直观定位印花位置

传统的2D平面设计，设计师只能给出一个数值，并不能直观地感受。而设计师使用Lotta软件，可以根据3D视觉效果直接定位印花位置，2D板型与3D虚拟样衣同步显示，实现精准定位。设计师可以直接在软件中导出工艺包进行款式工艺交接，最终实物大货样衣与3D样衣印花位置一致，如图5-6-22、图5-6-23所示。

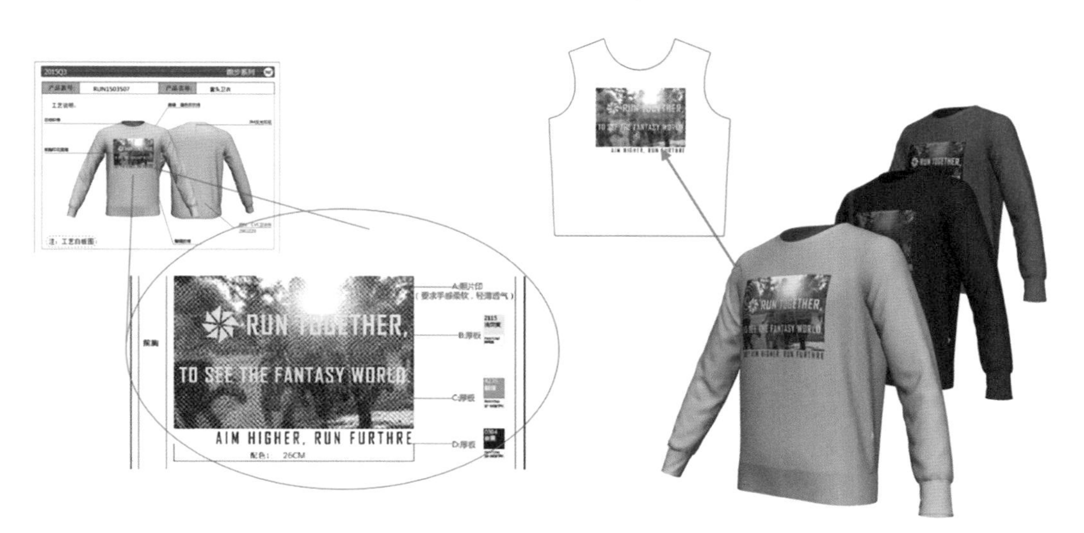

图5-6-22

实物样衣（布衣人台）　　3D效果　　实物样衣（模特）

图5-6-23

第七节　服装企业3D数字化实施的关键要素与风险

在协助多个服装企业实现3D数字化转型后，我们总结了服装企业在数字化项目实施中需要注意的关键要素和可能面临的风险，详见表5-7-1。

表5-7-1　服装企业3D数字化项目关键要素、风险与建议

关键要素		可能面临的风险与建议
3D 标准	3D 人台的标准	风险：3D 人台会直接影响到 3D 服装的视觉效果。在实际情况中，可能会出现 3D 数字化服装效果与实际样衣效果相似度较低或 3D 视觉效果不佳的情况 建议：3D 人台是基于企业布衣人台建立，企业使用的 3D 人台也必须是经过技术、设计等一致认可的
	3D 板型效果的真实度	风险：3D 基础板型的正确度和规范性，以及 3D 基础模板制作的精细度、逼真度都影响着 3D 服装最终呈现的准确性 建议：技术人员需要进行深度培训，并多加练习软件的操作，力求给 3D 设计较好的视觉参考
	3D 材质的效果	风险：不好的材质影像及错误的物理特性数值会直接影响 3D 服装的视觉效果和试穿效果 建议：材质处理人员需要建立高标准的 3D 材质库，确保材质影像的质量及材质物理属性的准确性

续表

<table>
<tr><th colspan="2">关键要素</th><th>可能面临的风险与建议</th></tr>
<tr><td colspan="2">人员方面</td><td>风险：由于在 3D 设计研发过程中，设计、板型、工艺的问题都面临需要提前解决的情况，因而企业员工可能会感觉工作量有所增加，而面对新的工具，也可能会有不适应的情况
建议：前期要给予设计、板师足够的时间，在日常的工作中也可适当穿插 3D 服装设计与研发的工作，使人员能够逐渐熟悉 3D 数字化工作流程。加强企业各部门间的沟通，同时也需要人员付出更多的理解和耐心，要有遇到问题就积极解决的心态</td></tr>
<tr><td rowspan="2">流程方面</td><td>企业内部</td><td>风险：新 3D 流程的转变会涉及工作内容、顺序及方法的转变，企业内部员工和部门间如果不能有效沟通、及时反馈问题，将会出现沟通不畅和工作滞后的情况
建议：3D 数字化项目成功实施的核心推动力来自企业内部，因此企业需要成立专门的项目团队，由专人负责项目管理、跟进、资源协调、监督等工作，同时也需要各部门共同努力、积极推动，及时反馈、相互配合</td></tr>
<tr><td>对接工厂的落实</td><td>风险：在板型和工艺交接时，如果不能保证交接质量，可能导致工厂实际制作出的样衣与 3D 服装效果不符
建议：充分了解、监督并确保工厂使用 3D 数字化技术的情况，可适当推进 3D 数字化技术在工厂中的使用</td></tr>
</table>

后　记

2011年以来，笔者从学术研究和服装企业实践的角度，不断探索和应用3D数字化技术，借助科研成果和伙伴们的支持，在服装数字化方面（如数字化面料、数字化人体、服装建模技术、实时渲染和系统集成等）与行业应用场景（例如产品研发、订货会、零售等）都进行了不断实验和尝试。本书的完成也是对这些实验与尝试的一个总结，希望能给到服装企业以及院校科研教学者一点点启发和帮助。

在本书出版的时候，人工智能发展非常迅猛，我们对人工智能在产业垂直领域的应用保持谨慎乐观的态度，理由有三：第一，通用性的人工智能在专业领域展开有效应用还需要一个过程，例如通用的文生图技术较难直接真正地应用在服装产品设计上，因为设计中存在工程问题，而不仅仅只有外观问题；第二，如果要在产业领域运用人工智能，则必须利用实际产业数据进行学习和训练，这部分数据都在产业中、在企业中，这些数据的结构化和使用需要时间；第三，如果想把产业人工智能做好，则服装企业、科技企业与科研院校合作共创产业人工智能的方式会比较可行，科研院校发挥数据结构化、分析、模型训练的研究工作，科技企业将其转化成产业人工智能产品，服装企业提供数据与应用场景，三方合作，最终实现人工智能驱动下真正的产业升级。

本书的内容编写与出版，得到了很多伙伴们的支持和帮助。

非常感谢布络维科技公司一直以来对教育的支持，特别是与该公司两位经验丰富的数字化专家林燕平、林燕丽（Lena Lim）的合作过程中，我们不仅探讨和研究了最新服装数字化科技的思维与技术，也收获了宝贵的友谊。

感谢安踏、李宁、361°、探路者、乔丹体育以及斯迪欧（STARTER）等服装品牌企业在服装数字化方面付出了大量的努力，希望企业越办越好。

感谢武玥在服装数字化项目实践中提供了宝贵经验和图书出版帮助。

感谢时任RTT公司总经理的许越迁（Yuetchin Hoi）、达索系统的吴胜，两位数字化专家提供了大量专业性的建议与帮助。

感谢广东时谛智能科技有限公司提供了面料扫描仪。

感谢Alvanon公司对教育的支持，其人台技术始终是行业的标杆。

最后，特别感谢晨风集团的尹国新董事长、张霄鹏对本书的出版支持。

读者可登录布络维科技公司的官方网站，申请个人INDIE试用版软件账号，从而获取正版软件与专业技术支持，以便在阅读本书时能够同步运用软件进行实际操作练习。衷心希望广大读者能够充分利用本书及试用版软件，提升技能，实现自我价值。

著者

2024年7月